수학을 잘하기 위해 먼저 읽어야 할
수학의
역사

數學的歷史
作者 : 紀志剛
copyright ⓒ 2009 by 江蘇人民出版社
All rights reserved.
Korean Translation Copyright ⓒ 2011 by THE SOUP Publishing Co.
Korean edition is published by arrangement with 江蘇人民出版社
through EntersKorea Co., Ltd, Seoul.

이 책의 한국어판 저작권은 ㈜엔터스코리아를 통한
중국의 江蘇人民出版社와의 계약으로
도서출판 더숲이 소유합니다.
신 저작권법에 의하여 한국 내에서 보호를 받는 저작물이므로
무단전재와 무단복제를 금합니다.

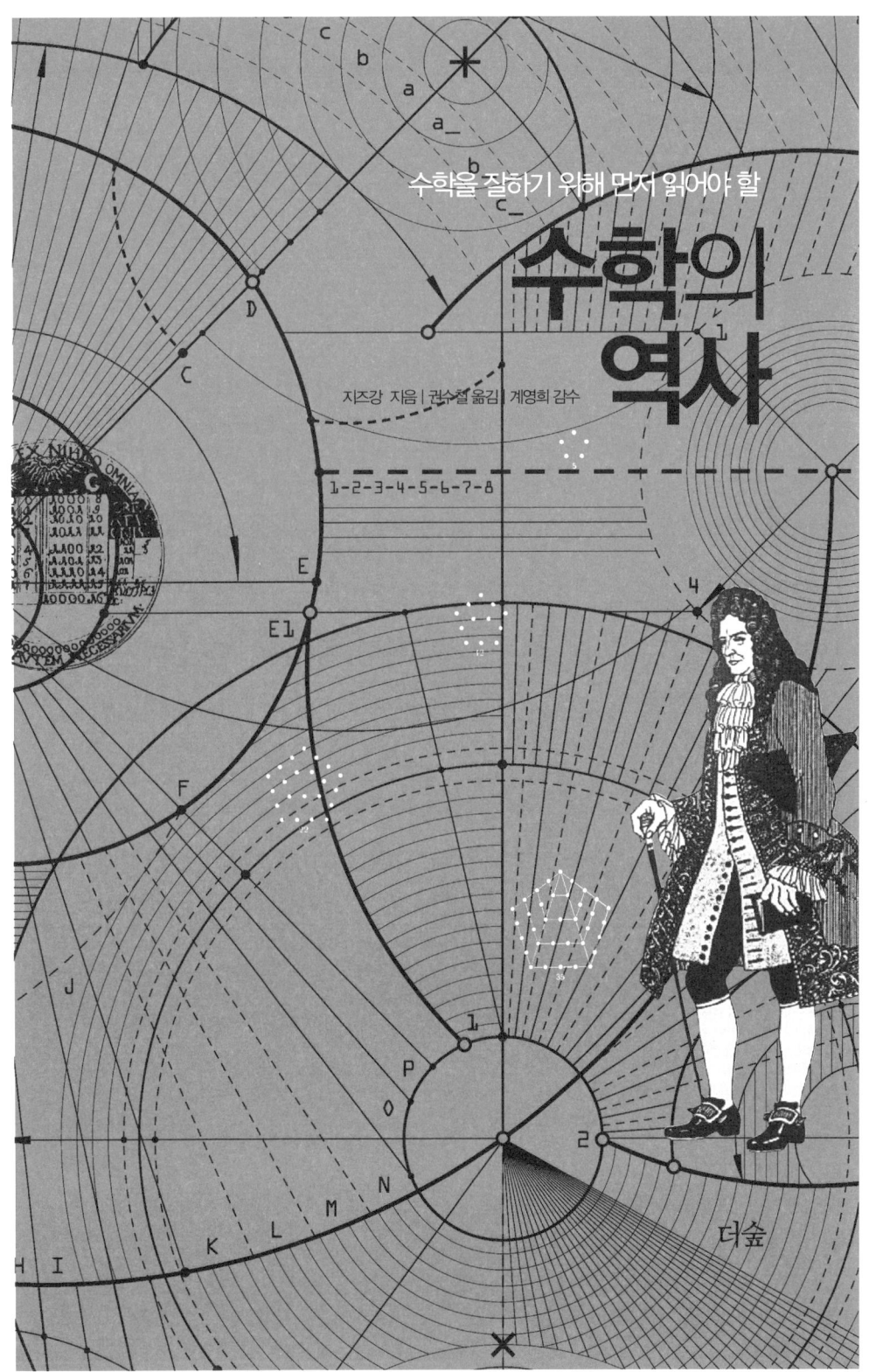

감수의 글

수학을 교양으로 즐기려면
수학의 역사를 공부하자

현재 우리사회에서 뜨거운 감자와 같은 주요 키워드는 '교육과 복지'다. 교육에서는 '영어와 수학'인데 영어는 사교육이 어느 정도 잡혀서 정부정책이 성공했는데, 문제는 수학이라는 것이 교육과학기술부의 자평이다. 다시 말하면 요즘 우리사회가 수학에 대하여 지출하는 가계의 비중이 세계 어느 나라보다도 높은 점이 학부모에게는 근심이요, 또 초등학생부터 대학입시를 준비하는 고등학생에게는 수학으로 인한 감정이 분노의 수준인 것이 우리의 현실이다. 이러한 심각성을 깨닫고 2011년 올해 정부의 지원 아래 수학 관련 단체들이 연합하는 운동 '수학대중화사업'이 출발을 했다.

2002년에 문을 연 독일의 수학박물관은 퍼즐, 커다란 비누방울, 이상하게 보이는 조각 거울 등 신비한 교구 120가지를 전시하고 있다. 아이, 어른 모두가 수학과 친근하게 상호작용하면서 즐거움을 느낄 수 있는 공간으로 인기를 얻고 있다고 한다. '왜 이 공은 다른 공보다 더 빠를까? 어떻게 주사위가 구를 때 모차르트 구성을 적용할까?' 등 흥미로운 방법으로 문제해결에 대한 생각을 유도한다. 감추어진 비밀을 알게 되는 순간, 수학에 대한 공포와 두려움에서 벗어나게 되는 것이다. 또한 독일은 자국 국민들이 수학에 흥미를 느낄 수 있도록 적극적인 홍보활동을 펼치고 있다. 2008년을 '수학의 해'로 선포하고 각종 페스티발을 열어 수학영화를 만들기도 했고, 지속적으로 '어린이를 위한 수학'을 주제로 토크쇼도 진행하는 등 일반대중에게 수학을 홍보하고 있다.

이렇게 독일의 예를 들어 장황하게 설명하는 이유는 국가가 국가경쟁력을 위해 다른 나라보다 한 발 앞서서 국민들에게 적극적으로 홍보하고 있음을 소개하고 싶었기 때문이다.

이제 수학은 더 이상 수험생과 전문인의 영역이 아니다. 일반인의 교양이 되어야 한다. 이웃나라 일본에서는 수학을 취미로 하는 중년들의 동호회가 활발하게 활동하고 있는데 이러한 점은 우리와 매우 대조적이다. OECD국가를 포함하여 40여 개국 학생들의 국제학업성취도평가(이하 PISA)에서 한국이 1위, 핀란드가 2위로 발표되자 핀란드 교육관계자가 한국 관계자에게 다음과 같이 말했다고 한다.

"근소한 차이로 저희가 졌습니다. 그러나 사실은 저희가 큰 차이로 앞선 거지요. 핀란드 학생들은 웃으면서 공부하지만, 그 쪽 학생들은 울면서 공부하지 않습니까?"

핀란드 관계자의 말은 우리에게 많은 생각을 하게 한다. 우리의 경우, 수학은 오로지 입시를 위한 수단이며 도구로 생각해 왔으므로 우리나라 학생들은 2000년부터 3년마다 측정하는 PISA에서 '문제해결력'과 '수학'에서 매우 우수하지만 학습의 동기에서는 심각한 정도로 저조하다. 심지어 우수한 학생들도 자기 자신이 수학을 잘 못한다고 생각하고 있으며, 또 수학을 어렵다고 생각하지만, 이와 대조적으로 미국의 학생들은 수학성적이 낮음에도 불구하고 자기가 잘 한다고 생각한다는 것이다. 그 동안 우리는 지나치게 수학을 경쟁의 도구로, 상급학교 진학을 위한 것으로만 생각하고 몰입해오면서 수학에 대한 두려움 내지는 강박관념에 사로잡혀 있다고 생각된다.

이제는 학생뿐만 아니라 학부모와 일반인이 수학에 대한 아름다움과 가치, 그 유용성과 활용성을 인식하는 수학대중화운동에 동참하기를 바라면서 이 책을 감수했다. 수학대중화운동의 첫걸음은 수학을 역사의 줄기에 꿰어 시간을 축으로 하는 좌표 위에서 그 의미를 이해하는 것이라고 생각한다.

현재 우리나라에서 출판된 수학의 역사 관련 출판물은 서양인의 시각으로 저술된 번역물과 한국수학사학회를 창립한 김용운 박사님이 저술한 것으로 구별된다. 하지만 동양의 MIT로 불리는 상하이자이퉁대학에서 직접 기획하고 편찬한 이 책은 동서양의 수학사를 모두 아우르고 있다는 점에서 기존의 책들과는 차별되는 신선한 재미와 깊이를 전해준다. 과학사 박사이면서 수학사 분야의 탁월한 성과를 거둔 저자는 수학사뿐만 아니라 사상, 철학, 예술 등 다양한 분야를 넘나들며 해박한 수학과 과학의 지식을 이 한 권에 담아냈다.

이 책의 가장 큰 특징은 역사적 가치를 담고 있는 300여 장이 넘는 사진과 도표들이다. 300여 장의 역사적 사료들과 함께 하다보면, 여러분은 자기도 모르는 사이에 수학의 세계, 더 나아가 과학의 세계로 성큼 들어와 있는 것을 깨닫게 될 것이다. 특히, 이 책에서는 근대수학의 정점이자 현대수학과 현대과학의 기초를 제공한 미적분학에 관한 발명부터 시작하여 정교하게 다듬어간 천재학자들의 노력과 고뇌를 고스란히 느낄 수 있다. 저자는 많은 양을 미적분학 이야기와 수학사의 대사건 '페르마의 대정리'에 대하여 자세하고 긴장감 있게 전개하고 있어 통합형 논술을 준비하는 수험생들에게 적극 추천하고 싶다. 또한 이 책은 예비교사를 위한 '수학사'의 교재로도 손색이 없을 뿐만 아니라 수학을 가르치는 교사들, 수학을 교양으로 갖추고 싶은 지적호기심이 강한 일반인들, 자녀의 수학공부를 도와주고 싶은 열성적인 학부모들 모두에게 추천하고 싶다. 수학의 홍보대사로 또 수학대중화사업의 연구위원이기 때문이다.

계영희(한국수학사학회 부회장, 고신대학교 교수)

차례

감수의 글 _4

제1장 **수학의 기원**

원시 시대에는 어떻게 수(數)를 표시했을까 _15
《린드 파피루스》, 세계에서 가장 오래된 이집트의 수학책 _17
점토판에 글을 새긴 바빌로니아인의 지혜 _20
현대의 10진법에 가장 근접한 중국 고대의 산대(算籌) 계산법 _22
9개의 각기 다른 부호와 '0'을 표시한 인도 숫자 _23
유럽에 전파된 아라비아 숫자 _25

제2장 **그리스 수학의 번영**

토지를 측량하는 기술이 기하학의 발전을 가져오다 _29
피타고라스, 수학의 초석을 세우다 _32
연역적 추리의 위대한 업적, 유클리드의 《기하학원론》 _36
금관의 수수께끼를 푼 아르키메데스 _48

제3장 중국 수학의 고고한 품격

막대기 그림자로 태양의 높이를 계산한다 _59
원을 분할하여 원의 넓이를 구한 유휘 _64
서양보다 1천 년이나 앞선 원주율 계산법 _69
관리 승진 시험에 출제된 '영부족' 계산법 _71
음수는 어떻게 수학에 도입되었을까 _74
미지수를 포함한 방정식을 세우는 방법, 천원술과 사원술 _78

제4장 동서양을 하나로 묶는 아라비아 수학

'백년 번역 운동'으로 일궈낸 아랍의 과학 _87
방정식의 증명을 전 세계로 퍼뜨린 알 콰리즈미 _90
삼각법이 천문학에서 벗어나다 _95
기하학과 대수학을 결합한 시인 수학자 오마르 하이얌 _97
산술은 모든 문제 해결의 열쇠 _101

제5장 유럽 수학의 르네상스

중세 암흑기를 벗어나다 _107
대자연의 규칙이 담겨 있는 피보나치 수열 _111
소수의 표기법을 창안한 스테빈 _114
수학 계산의 진정한 혁명, 로그의 발명 _116
문자를 사용하여 수를 표현하는 기호대수학의 발전 _120
3차원 현실을 2차원 평면에 표현하기 _122

제6장 해석 기하학에서 미적분까지

변화하는 양(변수)을 수학에 도입한 데카르트 _131
수학의 새로운 문제 해결을 위해 미분법이 출현하다 _138
뉴턴, 미적분의 기초를 완성하다 _148
뉴턴과 라이프니츠 중 누가 미적분을 발명했는가 _157

제7장 대수학의 찬란한 발전

3차 방정식 풀이 경쟁의 최종 승자는? _165
아벨, 5차 방정식의 대수적 해법은 없다 _171
불행한 수학자 갈루아가 남긴 방정식의 군론 _175
대수학의 혁명 해밀턴의 4원수(quarternions) 발명 _182

제8장 비(非)유클리드 기하학 혁명

유클리드의 절대 권위에 대한 도전 _193
제5공준 '증명'을 위한 수학자들의 노력 _195
놀라운 신세계를 창조한 볼리야이, 평행선 공리를 증명하다 _200
쌍곡적 기하학을 탄생시킨 로바체프스키 _206
수학의 절대 진리에 도전한 비유클리드 기하학 _210

제9장 해석의 엄밀화

무한소, 사라지지 않는 '유령' _221
미적분을 확대 발전시킨 새로운 개척자들의 활약 _226
수학적 해석학에 엄밀성을 기하다 _232
산술과 기하학 사이의 간극을 없애다 _237

제10장 수학의 새로운 시대

모든 수학 문제는 해답을 찾을 수 있다 _247
모든 기하학을 통일된 형식으로 나타내다 _252
수학의 기초를 다지는 계기, 러셀의 역설 _255
수학의 3대 학파 출현과 논쟁의 확산 _257
수학의 3대 학파의 환생을 깬 괴델의 불완전성의 원리 _260
페르마 대정리의 증명, 수학의 새로운 영광이 찾아오다 _262

에필로그 _280

제1장
수학의 기원

'수(數)'는 매우 흔하다. 그리고 우리 대부분은 어릴 때부터 '수를 계산'하는 법을 배운다. 우리는 매일 숫자를 사용하지만 숫자의 탄생 배경과 우리 삶에 미치는 영향에 대해 생각해본 사람은 드물다. 만약 숫자가 없다면 오늘날의 수학과 기타 과학은 존재하지 않았을 것이다. 숫자의 발명이 얼마나 위대하고 중요한지 알 수 있다. 숫자가 있었기 때문에 비로소 수학이 생겨난 것이다. 그렇다면 숫자의 기원에서부터 이야기를 시작해보도록 하자.

수학의
기원

원시 시대에는 어떻게 수(數)를 표시했을까

우리의 먼 조상들은 처음에는 숫자가 무엇인지 몰랐고, 숫자를 세는 방법은 더더욱 몰랐다. 그들은 채집과 수렵 생활을 하면서 먼저 양 한 마리와 양 한 무리, 늑대 한 마리와 늑대 한 무리의 차이를 이해했고 그렇게 원시적인 '숫자 감각'을 키웠다. 그리고 점차 양 한 마리와 늑대 한 마리, 물고기 한 마리와 나무 한 그루 등에 존재하는 공통적인 무엇, 즉 '단위성'에 주목했다. 또한 그들은 최초의 물물교환에서 바꾸려는 물건을 하나씩 짝을 지어 늘어놓고 비교한 결과 자연스럽게 '많다' '적다' '같다'라는 상대적 개념을 알게 되었다. 어떠한 무리가 공유하는 이와 같은 추상적인 성질이 바로 '수'이다. 수의 개념은 불의 사용과 마찬가지로 매우 오래전에 형성되었고, 인류 문명에서의 의의 또한 불의 사용만큼이나 크다.

그렇다면 우리 조상들은 어떤 방법으로 수를 셌을까?

: 늑대 뼈에 새긴 숫자. 1937년 체코 모라비아(Moravia) 출토.

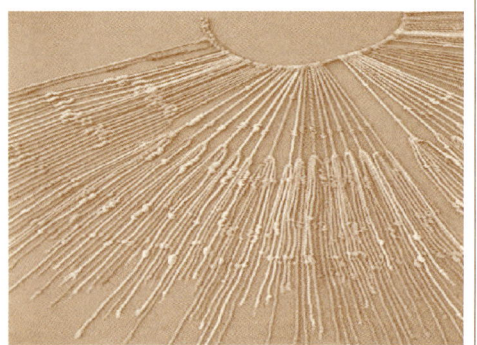

: 키푸. 남미 잉카에서 사용했던 수 표시 방식. 10개 매듭을 한 단위로 해서 사용했다. 페루 리마 라르코(Larco) 박물관 소장.

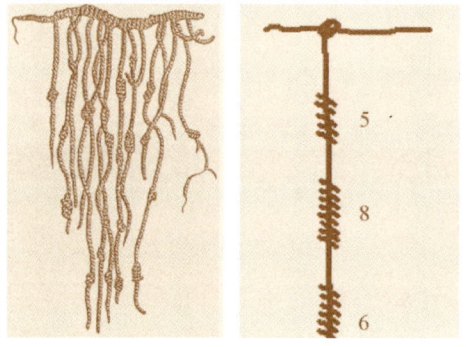

: 키푸의 매듭. 맨 위 5개의 매듭은 500을, 중간의 8개는 80을, 아래의 6개는 6을 각각 표시한다. 즉, 586을 의미한다.

이에 대한 명확한 기록은 없다. 주머니에 작은 돌을 던져넣기도 했고, 벽에 줄을 긋기도 했다. 물론 가장 편리한 도구는 자신의 손가락이었다. 손가락뿐 아니라 모든 신체 부위를 활용하여 수량을 표시했다.

이러한 수량 정보를 보존하기 위해 동물의 뼈에, 또는 매듭을 지어 숫자를 표시하게 되었다. 왼쪽 맨 위 그림은 하나의 늑대 뼈를 서로 다른 방향에서 본 모습인데, 윗면에는 총 55개의 빗금이 새겨져 있고 5개가 한 묶음으로 배열되어 있다.

고고학자의 고증에 따르면 이 늑대 뼈의 연대는 기원전 3만~2만 5천 년이라고 한다. 《주역(周易)》 '계사(系辭)편'에는 "상고에 끈을 묶어 다스렸고(結繩而治), 후세의 성인은 이를 바꿔서 써넣었다(書契)"는 기록이 있다. '끈을 묶어 다스렸다'는 '끈을 묶어 내용이나 숫자를 써넣었다'는 뜻이고, '써넣었다'는 '부호를 새겨넣었다'는 의미다. 남미 페루 지역에 살았던 잉카인들은 19세기까지도 끈을 묶어 수를 표시했다. 이는 굵은 끈 한 가닥 위에 색깔을 입힌 가는 끈을 묶은 뒤 여기에 다시 매듭을 짓는 방식이었다. 이 지역 사람들은 이를 '키푸(quipu, 매듭문자)'라고 불렀다. 키푸의 가는 끈은 보통 남미에 사는 라마나 알파카의 털로 만들었는데 이것들 중에는 가는 끈 몇 가닥만 있는 경우도 있고 수백, 수천 가닥이 있는 경우도 있다. 키푸는 10개의 매듭을 한 단위로 해서 수를 표시하는 방식이었다.

《린드 파피루스》, 세계에서 가장 오래된 이집트의 수학책

사회가 발전하면서 인류는 숫자를 만들어야 할 필요성을 점점 느끼기 시작했다. 여기서는 먼저 고대 이집트의 발명부터 살펴보자.

아프리카 동부 고원 지대에서 발원한 나일 강은 에티오피아 고원의 계절성 폭우 때문에 해마다 정기적으로 범람했다. 홍수가 지나가면서 강 양쪽에 두꺼운 진흙층을 쌓았고 그것은 토양을 비옥하게 만들었다. 덕분에 그 땅에서는 1년 3모작이 가능했다. 나일 강은 이집트인을 키운 어머니와 같았다. 이미 기원전 4000년경 이곳에 수백만 명이 모여 살았다. 고대 그리스의 역사학자 헤로도토스(기원전 484~425)는 "이집트는 나일 강의 선물"이라는 명언을 남겼다. 이는 나일 강이 고대 이집트 문명에 얼마나 중요한 의미를 가지고 있는지 잘 설명해준다.

고대 이집트인은 상형문자를 만들었고 숫자 역시 그림을 이용한 상형숫자였다.

1은 세로로 세운 막대기 |, 10은 아치형 문을 닮은 ∩, 100은 구

: 이집트 상형문자가 보여주는 숫자. 이집트의 기수법은 10진법을 각 위치에 따라 다른 부호를 사용했다.

: 묘실(墓室) 벽에 새겨진 이집트 숫자. 그림을 이용한 상형문자로 숫자를 표시했다.

부린 끈, 1000은 연꽃을 닮은, 1만은 손가락인데 왼쪽으로 또는 오른쪽으로 굽은 모습이다. 10만(10^5)은 올챙이 또는 개구리 등으로 표현했다. 100만(10^6)은 한번 들으면 깜짝 놀랄 만큼 큰 수다. 그래서 이집트인들은 으로 표시했다. 가장 큰 단위는 10^7, 즉 천만이다. 10,000,000! 이집트인들에게 이 수는 이미 셀 수 있는 한계를 뛰어넘는 신(神)의 수였으며 신만이 아는 수였다. 따라서 그들은 가장 먼저 떠오르는 태양으로 천만을 표시했다.

이집트의 기수법은 10진법이지만 위치기수법은 아니었다. 그래서 위치에 따라 서로 다른 부호를 사용했다.

나일 강 삼각주에는 갈대 모양의 수생식물인 파피루스가 많이 서식한다. 줄기를 납작하게 편 뒤 햇볕에 말리면 글씨를 쓰는 데 사용할 수 있었다. 이런 식물을 '사이페루스 파피루스(Cyperus papyrus, 종이를 만드는 풀)'라고 불렀는데, 영어 'paper'는 바로 여기에서 유래했다. 1858년 영국의 고고학자 알렉산더 H. 린드(Alexander H. Rhind)가 이집트의 골동품 시장에서 파피루스에 쓴 수학책을 구입하여 이를 연구했다. 그후 이 귀중한 문헌은 그의 이름을 따 '린드 파피루스'라고 이름 붙여졌다.

기원전 1650년경 만들어진 것으로 추정되는 《린드 파피루스》는 길이 544센티미터, 너비 33센티미터의 긴 막대 모양이며, 윗면에는 상형문자가 빽빽이 적혀 있고 총 85개의 실용적인 수학 문제를 푸는 방법이 기록되어 있다. 산술(算術) 부분에는 10진 숫자의 부호, 분수를 응용한 문제가 실려 있다. 또 대수(代數) 부분에는 일원일차 방정식과 등비수열이, 기하(幾何) 부분에는 원주율의 근삿값 (3.1604)과 삼각형의 넓이, 구의 부피 등이 수록되어 있다. 이처럼 수학사적으로 큰 가치를 지닌 이 문헌은 《린드 파피루스》의 저자 아메스(또는 아모스)의 이름을 본떠 《아메스 파피루스》라고도 부른다.

《린드 파피루스》와 거의 동시대에 나온 이집트 수학 문헌으로는 《모스크바 파피루스》가 있

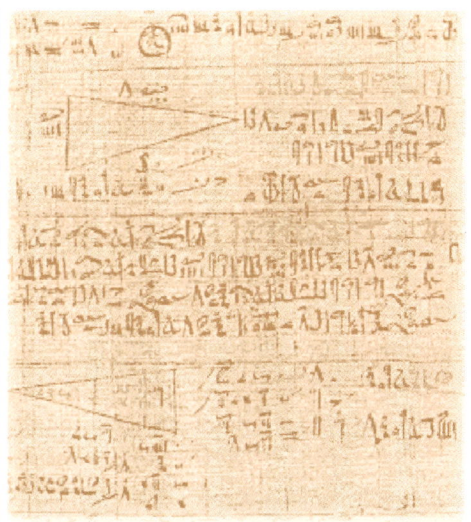

• 세계에서 가장 오래된 이집트의 수학책 《린드 파피루스》의 일부분. 원본은 대영박물관에 소장되어 있다.

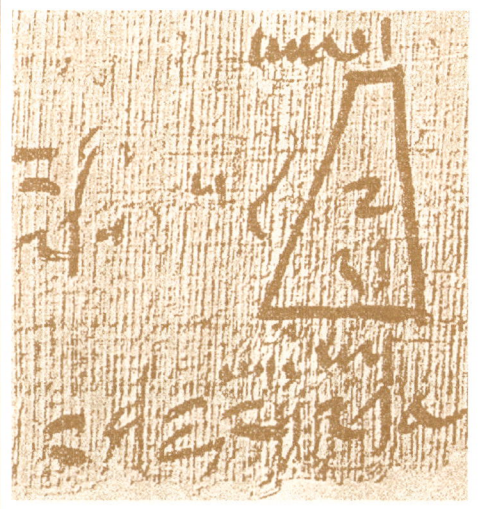

• 또 하나의 이집트 수학책인 《모스크바 파피루스》 중 각뿔대를 수평으로 잘라 부피를 구하는 계산. 《린드 파피루스》와 더불어 귀중한 수학 문헌자료다.

다. 파피루스에 쓴 이 두 수학 문헌 모두 오늘날 이집트 수학을 연구하는 소중한 자료다.

점토판에 글을 새긴 바빌로니아인의 지혜

나일 강은 고대 이집트 문명을 잉태했다. 이와 거의 같은 시기에 현재 이라크의 티그리스 강과 유프라테스 강 사이에 또 다른 위대한 문명, 고대 바빌로니아 문명이 탄생했다.

바빌로니아와 이집트는 멀리 떨어져 있지 않지만 두 곳의 숫자는 전혀 다르다. 바빌로니아 지역에는 이집트와 같은 파피루스가 없는 데다 글씨를 새기기에 적합한 돌도 매우 드물었다. 하지만 이런 환경은 결코 장애물이 되지 않았다.

바빌로니아인들은 점토판을 이용해 글을 썼다. 다 쓴 점토판을 그늘이나 불에 말리면 단단해져서 내구성이 높아지고 오랫동안 보관할 수 있었다. 점토 위에 갈대나 나무를 깎아 만든 도구로 새겨 썼기 때문에 문자의 선이 쐐기 모양으로 되어 설형문자(楔形文字) 또는 쐐기문자라고 한다. 19세기 초부터 고고학자들은 두 강 유역에서 대규모 발굴을 실시하여 약 50여만 점의 진흙판을 출토했다. 반세기가 넘는 기간 동안 이루어진 학자들의 노력 끝에 수천 년간 땅에 묻혀 있던 문화의 보고는 다시 세상에 모습을 드러냈다. 설형문자를 해독한 결과 바빌로니아 숫자의 우수성이 널리 알려지게 되었다.

바빌로니아 숫자에서 𒁹은 1을 나타낸다. 𒈫는 2를, 𒐊는 3을, 𒐂는 4를, 𒐅는 5를, 𒐚는 6을 나타낸다. 𒌋는 10, 𒎙는 20, 𒌍는 30, 𒐏는 40, 𒐐는 50을 각각 나타낸다.

바빌로니아 숫자는 60진법이며 60 미만의 수는 동일한 숫자를 겹쳐서 표기했다. 가령 23은 ≪𝐓𝐓𝐓, 57은 ⦉⧢ 으로 표시된다.

60 이상의 수는 위치기수법인데, 예를 들어, 𝐓𝐓 ≪⧢ 는 2×60+25=145를, 𝐓𝐓𝐓 ≪≪𝐓 ⦉⧢ 는 $3 \times 60^2 + 31 \times 60 + 49 = 12{,}709$를 표시한다.

: 바빌로니아의 설형문자 쓰는 방법. 딱딱한 도구의 끝을 날카로운 이등변삼각형 모양으로 깎은 뒤 촉촉하고 무른 점토판에 대고 누른다. 이 필기구를 사용해 쐐기 모양의 숫자를 새겼다.

바빌로니아의 분수 역시 60진법을 채택했다. '예일 7289호'는 예일대학에 소장된 진흙판 책으로, 정사각형의 변의 길이와 대각선의 관계를 보여주고 있다.

그림에서 정사각형의 변 위의 숫자 ≪≪≪ 는 30으로 변의 길이를 표시한다. 대각선 위의 숫자 𝐓 ≪⧢ ⦉⦉ 는 (1; 24, 51, 10)으로

: 예일대학에 소장된 진흙판 책. 설형문자로 정사각형의 변의 길이와 대각선의 관계를 표시했다. 예일 7289호.

60진법으로 된 분수, 즉 $1 + \frac{24}{60} + \frac{51}{60^2} + \frac{10}{60^3} \approx 1.414213$ 이 된다. 대각선 위의 숫자 ⦉𝐓𝐓 ≪⧢ ≪⧢ 는 (42; 25, 35)이다. 이는 바빌로니아인들이 정사각형의 변의 길이가 30이면 대각선 길이는 30×(1; 24, 51, 10), 즉 30×1.414213이란 사실을 알고 있었음을 의미한다(여기서 ; 표시는 자연수와 분수를 구분하는 기준이다).

현대의 10진법에 가장 근접한 중국 고대의 산대(算籌) 계산법

현대의 10진법에 가장 근접한 위치기수법은 중국의 산대 계산법이다. 산대('산가지', '산목'이라고도 하며 중국에서는 '산算' 또는 '주籌'라고 한다-역주)는 손가락 몇 배만 한 길이의 작은 대나무 막대를 산판(算板) 위에 올려놓고 계산하는 방식이다. 남북조 시대의 《손자산경(孫子算經)》에는 산대로 계산하는 구결(口訣)이 기록되어 있다.

"무릇 계산 방법은 먼저 단위를 파악하는 데서 시작한다. 일의 자리는 세로로, 십의 자리는 가로로 놓는다. 백의 자리도 세우고 천의 자리는 눕히며, 천 단위와 십 단위는 서로 마주 본다. 만 단위와 백 단위도 이와 같다."

조금 후에 나온 《하후양산경(夏侯陽算經)》에는 이렇게 기록되어 있다.

"……(전략) 6 이상이 되면 5 위에 올라탄다. 6은 겹쳐놓지 않고 아래의 5는 다 펼쳐놓지 않는다."

수를 표기할 때 처음 쓰는 숫자는 일의 자리로 세로형이다. 이어서 세로와 가로를 번갈아 사용한다. 예를 들어 752,836은 다음과 같다.

최초의 산대에는 '영(0)'을 나타내는 부호가 없었다. 처음에는 빈 공간으로 표시했다가 나중에는 계산 과정의 오류를 피하기 위해 고서의 결자(缺字) 부호인 '口'를 차용했다. 그리고 '口' 표기는 자연스럽게 'O'으로 바뀌었으며 송원(宋元)대 산술서의 연산 과정에 광범위하게 사용되었다.

: 1983년 산시성(陝西省) 쉰양(旬陽)에서 출토된 전한(前漢)의 상아 산대. 중국에서는 이 산대를 겹쳐 세우거나 눕혀서 숫자를 표시했다.

9개의 각기 다른 부호와 'O'을 표시한 인도 숫자

현재 국제적으로 통용되는 숫자는 보통 '아라비아 숫자'라고 부른다. 하지만 이는 역사가 남긴 부적절한 명칭이다. 그 이유는 이 숫자가 원래 인도에서 유래했기 때문이다.

인더스 강과 갠지스 강 유역에 자리 잡은 인도 역시 고대 문명의 발상지다. 기원전 7~8세기경의 브라미(Brahmi) 문자에 이미 최초의 숫자가 있었다. 그후 점차 위치기수법으로 발전하였다. 최초에는 빈칸을 하나 띄어서 '영'을 표기했다가 나중에는 작은 원점으로 표시했다. 그후 약 9세기에 이르러 숫자 '0'이 출현했다.

기원전 1세기의 브라미 숫자.

인도 숫자 역시 처음에는 불교와 함께 중국에 전래되었다. 당(唐)나라 개원(開元) 6년(서기 718년)에 번역된 인도의 《구집역법》에는 다음과 같은 기록이 있다.

천축(天竺, 인도)의 계산법은 9개의 숫자로 곱셈과 나눗셈을 한다. … (중략) 9개의 숫자가 10이 되면 자릿수가 하나 올라간다. 빈자리마다 점을 하나 찍는다. 공간이 있으면 모두 적을 수 있고 공간이 없으면 서로 잇길러 직기 때문에 계산이 매우 편리하다.

유럽	0	1	2	3	4	5	6	7	8	9
아라비아-인도	.	١	٢	٣	٤	٥	٦	٧	٨	٩
동부 아라비아-인도 (페르시아와 우르두)	.	١	٢	٣	۴	۵	۶	٧	٨	٩
데바나가리 (힌디)	०	१	२	३	४	५	६	७	८	९
타밀		க	உ	ங	சு	ரு	சு	எ	அ	கூ

: 인도-아라비아 숫자의 변천. 당시에는 인쇄술이 없었기 때문에 글자체가 사람과 장소에 따라 달랐고, 변화가 커서 지역마다 큰 차이를 보였다.

하지만 산대 사용에 익숙해져 있던 중국인들은 인도 숫자의 우수성을 깨닫지 못했다. 이 9개의 숫자 부호와 빈자리를 뜻하는 점은 이슬람 국가로 전래되어 수학 계산의 일대 혁신을 가져왔다.

서기 773년 인도 숫자는 아랍 국가로 전파되기 시작했다.

당시의 유럽은 중세 암흑기였다. 아랍인들은 이슬람교를 전파하면서 외래 문명의 과학문화 지식을 보존하고 또 흡수했다. 서기 830년 바그다드에는 '지혜의 궁'이 세워졌다. 이집트, 그리스, 인도에서 온 수많은 고전 문헌이 이곳에서 아랍어로 번역되었고, 이를 토대로 아랍인들은 독창적인 아라비아 과학과 문명을 탄생시켰다.

당시에는 인쇄술이 없었기 때문에 숫자를 모두 손으로 써야 했다. 따라서 글자체가 사람과 장소에 따라 달랐고 변화도 매우 컸으며 동·서 아라비아의 글자체 역시 큰 차이를 보였다. 서부 아라비아의 숫자는 현대의 표기법에 근접하지만 '영(0)'의 표기가 없었다. 동부 아라비아 숫자의 모양은 점차 정형화되어 오늘날에도 많은 이슬람 국가에서 사용하고 있다.

유럽에 전파된 아라비아 숫자

아라비아 왕국이 융성하기 이전에 인도 숫자는 이미 서양으로 전파되었다. 서기 662년 시리아의 한 학자는 다음과 같이 썼다.

: 전화기 버튼 위에 표시된 동부 아라비아 숫자. '0'이 ' . '으로 표기된다.

> 나는 인도인의 과학에 대해 더 토론할 필요성을 느끼지 못한다. …(중략) 그들의 천문학적 발견은 그리스와 바빌로니아보다 훨씬 뛰어나며 말로 표현할 수 없는 탁월한 방법을 사용했다. 나는 단 한 가지, 인도인들이 9개의 부호를 가지고 계산을 한다는 점만 말하고 싶다. 그리스어를 구사할 줄 아는 사람은 이런 방법만 믿는다면 과학 연구 분야에서 상상할 수 없는 경지에 도달할 수 있다. 그리고 인도의 책을 읽기만 하면 크게 감탄할 것이다. 하지만 이런 얘기는 조금 늦은 감이 있다. 왜냐하면 사람들이 이미 그 가치에 눈을 떠버렸기 때문이다.

아라비아 숫자는 서기 976년 편찬된 에스파냐의 삽화 서적 《비질라누스 법전》에 가장 먼저 등장한다. 이 숫자는 무어인들이 에스파냐로 전래했다고 전해지며, 당시에는 사람들의 이목을 끌지 못했다.

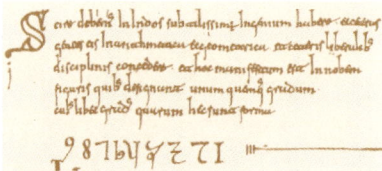

: 최초로 서양에 전파된 아라비아 숫자. 오른쪽에서 왼쪽으로 숫자를 쓴다.

: 이탈리아의 수학자 피보나치는 아라비아 숫자가 가장 편리하다고 생각했다. 그는 최초로 아라비아 숫자를 유럽에 전파함으로써, 그리스도교 여러 나라의 수학을 부흥시킨 인물이다.

1202년 이탈리아의 수학자 피보나치는 당시 수학서의 결정판인 《산술서 (Liber Abaci)》를 저술하였다. 이는 인도 숫자를 유럽에 최초로 소개한 책이었다. 이 책은 첫 장부터 다음과 같이 시작된다.

다음은 인도인의 9개의 숫자다.
9 8 7 6 5 4 3 2 1
또한 아라비아인들이 '영'이라고 부르는 부호 '0'이 있다. 이 부호들을 이용하면 어떤 수도 모두 표시해낼 수 있다.

그후, 그리고 수백 년 동안의 노력과 개정을 거쳐 16세기 중엽 드디어 현재 국제적으로 통용되는 숫자가 만들어졌다. 유럽인들의 인식 속에는 이 숫자가 아라비아 국가에서 전래된 것으로 여겨졌다. 그래서 이 숫자를 아라비아 숫자라고 불렀다. 하지만 아라비아인들은 이 숫자를 서양에 전달한 사신 역할을 했을 뿐이다.

제2장
그리스 수학의 번영

고대 이집트인과 바빌로니아인, 인도인은 사물을 있는 그대로 바라보았다. 그들의 수학은 '어떠한가'만 얘기할 뿐, '왜 그런가'에 대해서는 생각하지 않았다. 그러나 그리스인들은 어떤 사물이든 그것의 근원을 파헤치고 증거를 찾으려고 했다. 이런 진리를 추구하는 정신에 힘입어 그들은 수학 증명 분야에서 큰 발전을 이룩했고 세계 문화 발전에 크게 기여했다. 먼저 그리스에서 기하학이 어떻게 탄생하게 되었는부터 알아보자.

그리스
수학의
번영

토지를 측량하는 기술이 기하학의 발전을 가져오다

이집트의 나일 강이 정기적으로 범람하자 토지의 경계가 사라지는 일이 자주 발생했다. 그래서 강물이 빠질 때마다 사람들은 토지의 넓이를 새로 측정했는데, 이 과정에서 '기하학' 지식이 생겨났다.

역사학의 아버지 헤로도토스는 다음과 같이 기록했다.

> 만약 어떤 사람이 소유한 토지 일부가 강물에 휩쓸려가면 국왕은 그곳에 사람을 보내 조사를 실시한다. 그리고 측량을 거쳐 유실된 면적을 정확히 계산해낸다. …(중략) 나는 이집트인들이 이런 과정을 통해 기하학을 이해하게 되었고 후대에 이를 그리스에게 전해주었다고 생각한다.

영어 'geometry'는 라틴어 'geometria'에서 유래했다. 'geo'는 '토지'를 뜻하고, 'metria'는 '측량'을 의미한다. 이집트의 토지 측량

: 기원전 1400년의 벽화. 이집트인이 줄을 당겨 토지를 측량하는 모습을 묘사했다.

: 손에 컴퍼스를 들고 그림을 그리는 여인의 청동 부조. 그녀 뒤의 이름판에는 'Geo'와 'Metrica' 두 단어가 새겨져 있다.

인은 '줄을 당기는 사람'이라고 불리는데, 이집트 벽화에 당시 사람들이 줄을 당겨 토지를 측량하는 장면이 묘사되어 있기 때문이다.

그러나 고대 이집트인과 바빌로니아인, 인도인은 사물을 있는 그대로 바라보았다. 이를테면 그들의 수학은 '어떠한가?'만 얘기할 뿐, '왜 그런가?'에 대해서는 생각하지 않았다. 따라서 이집트의 '기하학'은 체계화되지 못했다.

후발주자인 그리스인은 이들과 전혀 다른 면모를 보여주었다. 그들은 어떤 사물이든 그것의 근원을 파헤치고 증거를 찾으려고 했다. 이런 진리를 추구하는 정신에 힘입어 그리스인은 수학 증명 분야에서 큰 발전을 이룩했고 세계 문화 발전에 크게 기여했다.

그중 가장 대표적인 인물이 바로 탈레스(Thales, 기원전 624?~ 546)였다. 탈레스는 그리스 철학과 자연과학의 창시자로 기원전 624년 소아시아의 밀레토스에서 태어났다.

상인이었던 탈레스는 이집트와 바빌로니아를 자주 왕래하면서 그곳에서 기하학 지식을 많이 배웠다. 그는 일식을 정확히 예측했다.

또한 지팡이를 세워 나타난 그림자와 피라미드의 그림자 길이를 잰 뒤 삼각형의 닮음의 성질을 이용해 피라미드의 높이를 계산하기도 했다.

특히 탈레스는 경험으로 얻은 기하학 지식의 진실 여부는 증명을 통해 가려야 한다고 믿었다! 그는 다음의 기하학 명제를 증명했다고 전해진다.

● 탈레스. 그리스 철학과 자연과학의 창시자로 삼각형의 닮음의 성질을 이용해 피라미드의 높이를 계산했다.

(1) 모든 원의 원둘레는 지름에 의해 2등분된다.

(2) 이등변삼각형의 두 밑각의 크기는 같다.

(3) 두 직선이 만날 때 맞꼭지각의 크기는 서로 같다.

(4) 대응하는 두 각의 크기가 같고 두 변의 길이가 같은 두 삼각형은 합동이다.

(5) 반원의 원주각은 직각이다.

오늘날의 관점에서 보면 이들 명제는 매우 간단하고 증명하기도 매우 쉽다. 그러나 우리는 닐 암스트롱이 달 위에 내렸을 때 "이는 한 사람의 작은 발자국이지만 인류에게는 커다란 도약이다"라고 한 말을 기억해야 한다. 기하학의 발전사도 마찬가지다. 이런 간단한 명제에 대한 증명이 모여서 초기 기하학의 금자탑을 쌓았고 연역적인 기하학은 바로 여기에서 출발했다.

피타고라스, 수학의 초석을 세우다

피타고라스(Pythagoras, 기원전 582?~497)는 기원전 582년경에 소아시아의 사모스에서 태어났다. 그는 이집트와 바빌로니아에서 공부했고 그리스로 돌아온 후에는 제자를 모아 가르치며 자신의 학파를 만들었다.

그는 제자를 두 부류로 나누었다. 한 부류는 수업만 듣고 토론에는 참석하지 않는 일반 학생(아쿠스마틱스)으로, 그들에게는 심오한 지식을 전수하지 않았다. 또 다른 부류는 그리스어로 '마테마티코이'라 부르며 피타고라스 학파의 진정한 회원이었다. 이 말은 나중에 '수학'을 뜻하는 라틴어 '마테마티카(mathematica)'로 발전했다.

피타고라스 학파는 '만물은 모두 수'라는 신념을 갖고 있었다. 그들은 모든 우주 현상이 어떤 숫자의 상호 관계로 이루어져 있고, 수의 성질을 연구하면 영원불멸한 우주의 진리를 알 수 있다고 믿었다. 물론 '수는 곧 만물이다'라는 주장은 터무니없지만, '사물이 따르는 규칙이 수학'이라는 점만은 분명하다. 즉 자연계의 수학법칙을 탐구하는 과정이 근대 과학을 크게 발전시킨 것이다.

피타고라스 학파는 먼저 음악에서 음률의 수학적 원리를 발견했다. 예를 들어 높은 도와 낮은 도의 음정 비율은 1 : 2, 솔과 도의 비

: 피타고라스. 그는 '만물은 모두 수'라는 신념을 가지고 수의 성질을 연구하면 우주의 진리를 알 수 있다고 믿었다.

율은 2 : 3, 파와 도는 3 : 4, 미와 도는 4 : 5, 파와 레는 5 : 6 등이다.

피타고라스 학파는 수에 대해 독특한 인식을 갖고 있었다. 그들은 1, 3, 6, 10 등을 삼각수(三角數), 1, 4, 9, 16 등을 사각수(四角數), 1, 5, 12, 22 등을 오각수(五角數)라고 불렀다.

피타고라스 학파는 변의 개수 사이의 관계를 발견했다. 예를 들면 다음과 같다.

(명제 1) 1부터 시작한 홀수의 합은 제곱수이다.
(명제 2) 사각수는 연이은 두 삼각수의 합이다.
(명제 3) n번째 오각수는 (n-1)번째 삼각수의 3배와 n의 합과 같다.

위의 명제가 정확한지는 공식을 유도하지 않더라도 변의 개수의 구조를 분석해보면 알 수 있다.

∴ 계산에 몰두하는 피타고라스. 라파엘로의 〈아테네 학당〉 일부.

∴ 피타고라스 학파는 음악에서 음률의 수학적 원리를 발견했다.

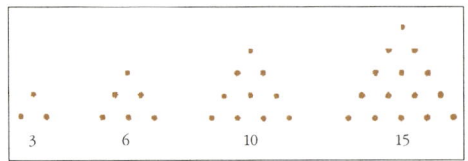
: 삼각수

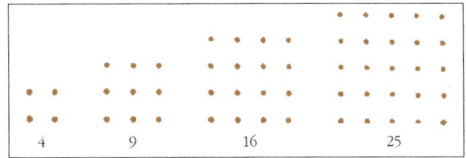
: 사각수

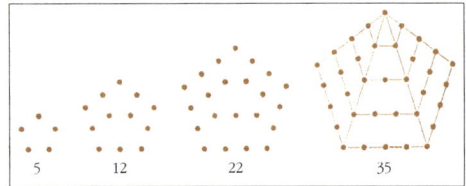
: 오각수

피타고라스 학파의 자랑거리는 뭐니뭐니 해도 '피타고라스 정리', 즉 '직각삼각형의 빗변의 제곱은 나머지 두 변의 제곱의 합과 같다'라는 사실의 발견이다. 피타고라스 정리는 수학 역사의 첫 번째 이정표라 할 수 있다. 이는 삼각형의 변의 길이와 형태의 관계를 밝혔고, 훗날 해석 기하학의 '거리 공식'으로 발전했다. 또한 고차원 공간 수학에서도 중요한 의의를 갖는다. 따라서 피타고라스 정리는 '수학'이라는 건물의 초석으로 불리고 있다.

피타고라스 정리는 이미 4천여 년의 역사를 갖고 있으며 증명 방법만도 400가지가 넘는다. 그중에는 레오나르도 다 빈치의 작품도 있고, 눈먼 어떤 아이의 증명도 있었다. 심지어 아인슈타인도 피타고라스 정리와

: 피타고라스 정리는 증명 방법만도 400가지가 넘는다. 어린 시절 아인슈타인도 3주 만에 피타고라스 정리를 증명해냈다.

인연을 맺었다.

아인슈타인의 전기를 쓴 모슈코프스키(Alexander Moszko-wski,

1851~1934)는 젊은 시절 아인슈타인과 친분이 두터웠다. 그는 《아인슈타인과의 대화》에서 아인슈타인과 피타고라스 정리의 관계를 상세히 묘사하고 있다.

어느 날, 야코비 삼촌이 아인슈타인에게 피타고라스 정리에 대한 내용을 설명하면서 어떠한 증명법도 가르쳐주지 않았다. 그의 조카는 관련 내용을 이해하고 나자 논리적으로 유도해낼 수 있을 것 같은 생각이 들었다. …(중략) 이 꼬마 아이는 3주 내내 이 작업에 몰두하여 결국 이 정리를 증명해냈다. 그는 삼각형의 유사성(직각삼각형의 한 점에서 빗변에 수선을 긋는 방법)에 착안하여 증명 방법을 찾아냈다. 그는 오래도록 흥분에 휩싸였다. 비록 매우 오래된 유명한 정리를 증명한 것이지만 그에게는 발견자의 기쁨을 처음으로 맛본 순간이었다.

피타고라스 학파는 이 정리의 발견을 기념하기 위해 소 100마리를 잡아 자축했다고 전해진다. 하지만 그들은 피타고라스 정리가 가져온 부산물인 '무리수의 발견'이 자신들을 곤경에 빠뜨리게 할 줄은 꿈에도 몰랐다.

피타고라스 정리에 따르면 길이가 1인 정사각형의 대각선 길이는 $\sqrt{2}$ 이다.

$\sqrt{2}$ 는 어떤 성격의 수일까? 피타고라스 학파가 주장한 '만물은 모두 수'라는 표현에서 '수'란 정수 또는 정수로 표시할 수 있는 비율의 수, 즉 유리수(rational number)를 가리킨다. 그러나 이 신념은 $\sqrt{2}$ 때문에 문제가 생겼다. 왜냐하면 $\sqrt{2}$ 가 두 정수의 비, 즉 $\sqrt{2} = \frac{n}{m}$ (n, m은 서로소인 정수)이라고 한다면 $2m^2=n^2$이므로 n^2은 짝수가 된다. n^2이

짝수이면 n도 짝수이므로 m²도 짝수가 된다. 이렇게 되면 n과 m이 서로소인 정수라는 가정에 모순된다. 이런 모순은 피타고라스 학파에게 큰 도전이었다.

일설에 의하면 피다고리스의 제지 히파수스(Hippasus)가 이 '비밀'을 알게 되었다. 그러자 피타고라스 추종자는 이 비밀을 지키기 위해 배를 타고 가던 중 그를 바다에 빠뜨려 살해했다고 한다. 중학교 교과서에 나오는 '무리수'에 이런 비극적 일화가 숨어 있으리라고는 아무도 상상하지 못했을 것이다. 하지만 '무리수'는 '이치에 안 맞는 수'가 아니라 '비교할 수 없는 수(irrational number)'이다.

오늘날 피타고라스는 인류 문화에 깊이 각인되어 있다. 많은 나라에서 그를 기념하는 우표를 발행했고 그의 고향 사모스에는 그를 기리는 동상이 세워졌다. 또한 피타고라스 정리를 주제로 한 아동용 '수학 탐험' 소설이 출간되기도 했다.

연역적 추리의 위대한 업적, 유클리드의 《기하학 원론》

탈레스와 피타고라스 이후 그리스의 기하학은 눈부시게 발전했다. 그리스의 철학자, 특히 웅변가는 웅변술과 수학 지식을 시민에게 널리 보급했다. 그들에게는 지식의 전수가 바로 생계 수단이었다.

일부 저명한 학자는 학교를 세워 수학 지식의 발전을 앞당겼다. 대철학자 플라톤은 유명한 '아카데미아'를 세우고 나서 문 입구에 현판을 세웠다. 그 현판에는 "기하학을 모르는 자는 들어오지 말지어다!"라고 새겨넣었다. 플라톤의 제자이자 그리스의 대학자인 아리스토텔레스는 '리케이온(Lykeion)'을 세웠다. 그가 창시한 논리학은 그리스의 학술 발전에 크게 기여했다.

기원전 338년, 그리스는 북방의 마케도니아 민족과 전쟁을 벌였지만 패하고 말았다. 마케도니아 왕국 필립 2세의 아들 알렉산드로스는 어렸을 때부터 아리스토텔레스에게 학문을 배웠다. 원대한 야망을 품은 그는 마케도니아의 기마병을 이끌고 원정에 나섰다. 지중해를 넘어 소아시아로 진격한 알렉산드로스는 페르시아 왕국의 다리우스 3세가 이끄는 군대를 격파하고 이집트를 점령했다. 그는 서쪽의 이탈리아에서 동쪽의 인도에 이르는 대제국을 건설했으며 그 영토는 유럽과 아시아, 아프리카에 걸쳐 형성되었다. 또한 이집트의

∶ 사모스 항구에 우뚝 서 있는 피타고라스 동상. 창공을 가리키고 있는 그의 오른손은 비스듬히 세워진 구리 기둥과 직각삼각형을 이룬다.

∶ 17세기 프랑스 화가 로랑 드 라 이르(Laurent de La Hyre)의 명작 〈기하학의 알레고리(Allegory of Geometry)〉(1649). 그림 속 여성이 손에 들고 있는 것이 피타고라스 정리의 증명 방법.

나일 강 하구에 자신의 이름을 딴 도시 알렉산드리아를 건설했다.

그러나 기원전 323년 알렉산드로스가 병사하자 제국은 분열되었고 이집트의 알렉산드리아는 프톨레마이오스 1세의 통치를 받게 되었다. 프톨레마이오스 1세는 뛰어난 통찰력과 식견을 갖춘 통치자였다. 그는 학술을 크게 장려했고 인재와 현자를 불러모았다. 또한 웅장한 예술 궁전 무세이온(Museion)을 세워 문학과 예술, 천문을 관장

: 라파엘로의 명작 〈아테네 학당〉. 가운데 왼쪽이 플라톤, 오른쪽이 아리스토텔레스다. 앞쪽 왼쪽 필기구를 들고 글을 쓰고 있는 사람이 피타고라스, 앞줄 오른쪽 몸을 굽혀 그림을 그리는 사람이 유클리드다.

: 몸을 숙여 그림을 그리는 유클리드(라파엘로의 〈아테네 학당〉의 일부). 그리스 수학은 유클리드에 이르러 황금기를 맞이했다.

하는 그리스의 여신 뮤즈(Muse)에게 바쳤다. 오늘날 '박물관'을 뜻하는 영어 'museum'은 여기에서 유래했다. 알렉산드리아에 세운 '무세이온'은 연구기관이자 도서관, 교육기관의 복합체로 소장 도서만도 50여만 권에 달했다. 이로써 무세이온은 단숨에 고대 학술 문화의 중심지로 도약했다.

저명한 수학자 유클리드는 무세이온에서 수학 연구와 교육을 담당했다. 유클리드는 훌륭한 스승이었다. 그는 수학 문제를 묻는 사람에게 인내심을 가지고 답을 알려주었다. 동시에 그는 엄숙한 학자이기도 했다. 수학을 이용해 돈을 벌려는 사람에게 신랄한 비난도 서슴지 않았다.

유클리드에게 기하학을 배운 프톨레마이오스 1세는 기하학이 어렵게 느껴진 나머지 그에게 좀 더 빨리 배울 수 있는 방법을 물었다. 그러자 유클리드는, "폐하, 기하학을 빨리 배우는 왕도(王道)는 없습니다"라고 말했다고 전해진다.

과학에 대한 존중과 제왕 앞에서도 뜻을 굽히지 않는 학자의 기질을 잘 보여주는 대목이다. 제아무리 절대 권력을 가진 국왕이라 해도 수학의 왕국에서는 보통 사람과 마찬가지로 한 걸음씩 차근차근 배워나가야 한다는 교훈을 전해준다.

또 한번은 한 학생이 유클리드에게, "스승님, 이 학문을 배우면 어떤 쓸모가 있습니까?"라고 물었다. 그러자 유클리드는 다른 학생에게, "저 자에게 동전 세 닢을 던져주어라. 자기가 배운 것에서 뭔가 얻어야 한다고 생각하는 자니까"라고 말했다고 한다.

탈레스, 피타고라스에서 아리스토텔레스에 이르기까지 그리스의 학자는 모두 기하학 발전에 크게 이바지했다. 그리고 유클리드에 이르러 그리스 수학은 황금기를 맞이했다. 유클리드는 당시 모든 수학 서적을 다시 수정하고 고증한 후 이러한 개별적인 수학 지식을 하나의 엄밀한 체계로 정리할 필요를 느꼈다.

이처럼 방대한 대사업을 어떻게 완성했을까?

유클리드는 먼저 일부 익숙한 기하학적 대상에 대해 정의를 내렸다. 어떤 기하학적 대상이든 명확한 정의가 있어야만 각기 다르게 해석되는 현상을 방지할 수 있고 또 모든 사람이 해당 전문 용어를 동일하게 인식할 수 있기 때문이다. 따라서 기하학에서 정의는 절대적으로 필요하다. 정의가 있어야만 가장 기본적인 몇몇 명제를 '원시명제'로 사용할 수 있다.

원시명제는 의심의 여지 없이 정확하며 모두에게 받아들여질 수 있기 때문에 '공리(公理, axiom)' 또는 '공준(公準, postulate)'이라고도 한다(193쪽 참조). 이들 정의와 공리, 공준에서 출발하여 논리적 추론

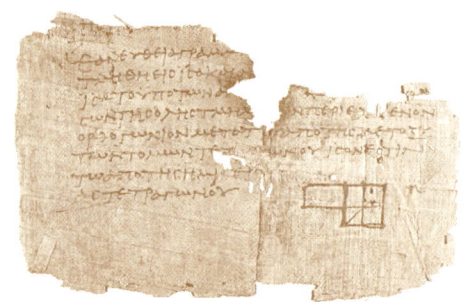

: 이집트의 고대 도시 옥시린쿠스(Oxyrhynchus, 원래는 주둥이가 뾰족한 물고기의 이름)에서 발견된 파피루스에 쓴 유클리드의 《기하학 원론》 파편. 그림의 내용은 《기하학 원론》 제2권의 5번 명제다. 고고학자의 고증 결과 연대는 서기 100년 전후다. 따라서 이 파편은 현재까지 가장 오래된 《기하학 원론》 필사본이다.

과 연역을 통해 전체 기하학을 발전시켜나갈 수 있다.

바로 이런 사고에 기초하여 유클리드는 그의 위대한 사업, 《기하학 원론(Element)》의 편찬 작업을 시작했다. 그리고 잠 못 이루는 밤과 헤아릴 수 없는 역경을 이겨내며 드디어 편찬에 성공했다.

오늘날까지 전해지는 《기하학 원론》은 총 13권이며 주요 내용은 (1) 평면기하 : 1~6권, (2) 수의 이론 : 7~9권, (3) 무리수 이론 : 10권, (4) 입체기하 : 11~13권으로 이루어져 있다. 그리고 23개의 정의, 5개의 공준, 5개의 공리, 465개의 명제들을 담고 있다.

제1권에 수록된 정의의 일부 내용을 살펴보자.

: 옥시린쿠스의 고적. 19세기말, 이집트 중부의 그리스화(化)한 이집트의 소도시 옥시린쿠스 외곽 폐허에서 이들 파피루스 뭉치가 발견되었다. 지금까지 약 40만 점이 발견되었고 현재는 옥스퍼드 대학 새클러 도서관에 보관되어 있다. 이는 세계에서 가장 많은 육필 고전 문헌이다. 최근 옥스퍼드 대학교 과학자들은 원적외선 기술로 일부 옥시린쿠스 파피루스의 베일을 벗기는 데 성공했으며 이는 '성배(聖杯)의 발견'에 비견될 만큼 큰 의의를 가진다. 또한 그동안 유실된 것으로 여겨진 고대 그리스의 희곡과 비극, 역사시 수백 편이 곧 다시 햇빛을 보게 된다는 의미이기도 하다.

(1) 점은 크기가 없고 위치만 있다.

(2) 선은 폭이 없는 길이다.

(3) 하나의 선의 양끝은 점이다.

(4) 직선이란 그 위의 점들이 곧고 고르게 늘어선 선이다.

…(중략)

(23) 평행선이란 같은 평면 위에 있으면서 양쪽을 아무리 연장해도 어느 방향에서도 만나지 않는 두 직선이다.

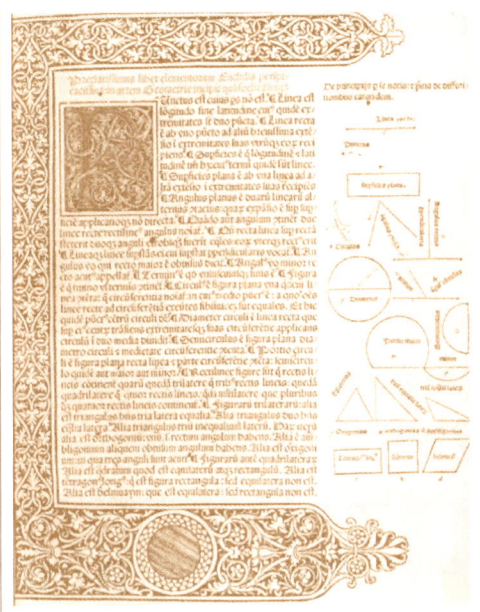

∶ 1482년 베니스에서 인쇄된 유클리드의 라틴어판 《기하학 원론》. 이는 최초의 인쇄본 《기하학 원론》이다.

선택된 5개의 기하학 관련 공준은 다음과 같다.

(1) 한 점에서 다른 한 점을 연결하는 직선은 단 하나뿐이다.

(2) 선분을 연장하여 하나의 직선을 만들 수 있다.

(3) 한 점을 중심으로 임의의 선분을 반지름으로 하는 원을 그릴 수 있다.

(4) 모든 직각은 서로 같다.

(5) 두 직선이 한 직선과 만날 때 같은 쪽에 있는 두 내각의 합이 180°보다 작으면 두 직선을 무한히 연장했을 때 반드시 그 쪽에서 만난다.

선택된 5개의 공리는 양(量)의 규정에 관한 내용이다.

(1) 같은 값과 같은 값은 서로 같다(A=B이고 A=C이면 B=C).

(2) 서로 같은 값에 같은 값을 더하면 그 합 또한 서로 같다(A=B이면 A+C=B+C).

(3) 서로 같은 값에서 같은 값을 빼면 그 차 또한 서로 같다(A=B이면 A-C=B-C).

(4) 서로 합쳐지는 값은 서로 같다.

(5) 전체는 부분보다 크다.

유클리드는 이처럼 지극히 평범해 보이는 기본 원리 10개와 정의 23개를 기반으로 논리학 기법을 이용하여 완전한 '수학의 금자탑'을 쌓았다.

아래에서 《기하학 원론》 제1권 5번 명제 '이등변삼각형의 두 밑각은 서로 같다'의 증명을 이용하여 공리를 증명하는 즐거움을 잠시 맛보도록 하자. 먼저 《기하학 원론》에서 제시하는 처음 4개의 명제는 다음과 같다.

: 《기하학 원론》의 최초 영역본(1570년). 유클리드는 기본 원리 10개와 정의 23개를 기반으로 논리학 기법을 이용하여 《기하학 원론》을 완성했다.

명제 1. 주어진 직선 위에 하나의 이등변삼각형을 그릴 수 있다.

명제 2. 이미 알고 있는 한 점을 지나 이미 알고 있는 선분과 같은 길이의 선분을 만들 수 있다.

명제 3. 이미 알고 있는 길이가 서로 다른 두 선분은, 길이가 긴 선분에서 일부를 잘라 짧은 선분과 같게 만들 수 있다.

명제 4. 합동인 삼각형의 판단 (SAS, 두 변과 그 두 변 사이에 있는 각의 크기가 같은 경우)과 그 성질

다음 5번 명제를 증명하라 : '이등변삼각형의 두 밑각은 서로 같다.'

증명: 선분 AB를 D까지 늘이고 선분 AC를 E까지 연장한다. (공준 2)

선분 AD 위의 임의의 점 D를 잡고, 선분 AE 위에 AE=AD가 되도록 점E를 잡는다. (명제 3)

DC와 BE를 연결한다. (공준 1)

즉 △ADC≅△AEB이다. (명제 4 SAS)

또 BD=CE이다. (공리 3)

따라서 △BDC≅△CEB이다. (SSS, 세 변의 길이가 모두 같은 경우)

그러므로 ∠ABC=∠ACB이다.

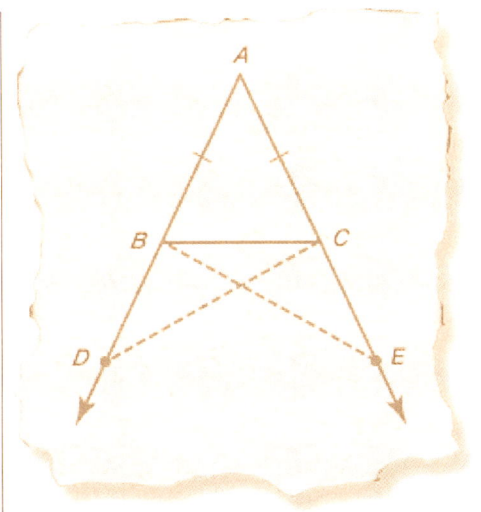

: '바보의 다리(Asses' Bridge).' '이등변삼각형의 두 밑각은 서로 같다'는 명제를 증명하기 위한 그림.

이 정리의 증명 과정은 우리가 현행 교과서에서 배우는 증명보다 훨씬 복잡해 보인다. 그러나 여기서는 주어진 네 가지 명제만 가지고 증명했다는 사실에 주목해야 한다. 중세 유럽 학생들은 이 정리를 배우면서 매우 고통스러워했다고 한다. 이 정리를 증명하는 그림이 마치 다리처럼 생겼기 때문에 'Asses' Bridge', 즉 '바보의 다리'라는

우스갯소리가 생겼다.

수많은 사람들이 유클리드 기하학을 배우면서 학습 욕구를 불태웠을 것이다. 아인슈타인은 "만약 여러분이 어렸을 때 유클리드를 읽고 학구열이 솟구치지 않았다면, 여러분은 타고난 과학자가 아니다"라고 말한 적이 있다. 아인슈타인은 유년 시절에 겪은 두 가지 경험이 자신의 일생에 큰 영향을 미쳤다고 회고했다. 하나는 다섯 살 때 나침반을 선물 받은 일이고 다른 하나는 열두 살 때 유클리드 기하학 교과서를 얻게 된 일이다. 그는, "책 내용은 모두 확인된 명제뿐이었다. 예를 들어 삼각형의 세 수선(垂線)이 한 점에서 만난다는 명제는 겉으로는 전혀 그렇지 않아 보인다. 하지만 이에 대한 증명은 누가 보더라도 의심의 여지없이 명쾌하다. 이런 명확성과 확실성은 내게 두고두고 잊히지 않는 깊은 인상을 남겼다"라고 술회했다.

이처럼 많은 대수학자와 과학자가 비슷한 경험을 했다. 철학자이면서 수학에 조예가 깊었던 버트런드 러셀(Bertrand Russell, 1872~1970)은 자서전에서 이렇게 썼다.

> 나는 열한 살 때 형에게서 유클리드 기하학을 배웠다. 이는 내 일생일대의 대사건이었다. 나는 마치 첫사랑을 하듯 여기에 빠져들었다. 그 당시 나는 세상에 이토록 재미있는 일이 있을 줄은 꿈에도 몰랐다.

미국 링컨 대통령은 젊은 변호사 시절 매일 밤 촛불을 켜고 《기하학 원론》을 공부했다. 그는 《기하학 원론》의 처음 6권에 수록된 모든 명제를 증명했고 이를 바탕으로 논리적 추론 능력을 키울 수 있었다고 한다.

2천여 년 동안 《기하학 원론》은 각국 언어로 1천여 종 이상의 판본으로 인쇄되었으며 어떤 과학 서적도 《기하학 원론》만큼 수많은 학생이 애독한 책은 없었다. 수많은 사람이 《기하학 원론》으로 유클리드 기하학을 공부하고 수학적 추리 훈련을 받아 과학의 전당에 발을 들여놓았다.

1607년 명(明)대 과학자 서광계(徐光啓)와 이탈리아 선교사 마테오 리치(Matteo Ricci, 1552~1610)는 《기하학 원론》 1~6권을 함께 번역하여 《기하원본》이라는 제목을 붙였다. 서광계는 《기하원본》을 극찬하며 이렇게 말했다.

> 이 책은 네 가지가 불필요하다. 첫째 의심, 둘째 추측, 셋째 검증, 넷째 수정이다. 또한 이 책은 네 가지가 불가능하다. 첫째 벗어나려 해도 벗어날 수 없고, 둘째 반박할 수도 없으며, 셋째 줄일 수도 없고, 넷째 앞뒤에 덧붙일 수도 없다.

서광계는 《기하학 원론》을 완역하고자 했지만 마테오 리치가 1610년에 사망해 뜻을 이루지 못했다. 그는 "언제 누가 대업을 이어갈 수 있을지 기다릴 뿐이다"라고 썼다.

청(淸)대에 이르러 수학자 이선란(李善蘭)과 미국 선교사 와일리(Alexander Wylie, 1815~1887)가 재차 번역을 시도했고, 250년 만인 1857년 《기하학 원론》의 완역본이 드디어 완성되었다.

이처럼 유클리드 기하학이 매력적이고 의욕을 불태우게 하는 원동력인 이유는 무엇일까? 그것은 유클리드 기하학의 풍부한 내용 때문이기도 하지만, 무엇보다 유클리드 기하학이 보여주는 철저한 논리

: 《기하학 원론》을 번역한 서광계와 마테오 리치. 서광계는 《기하학 원론》의 번역본 《기하원본》에 대해 의심, 추측, 검증, 수정이 불필요하다고 말했다.

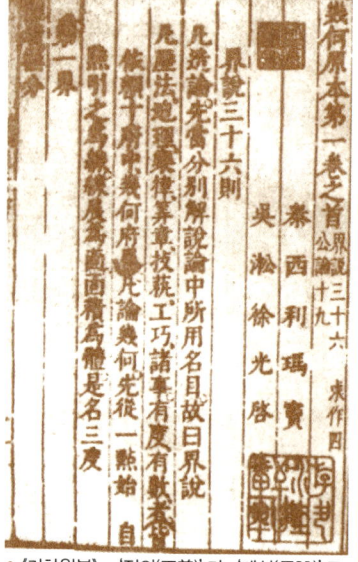

: 《기하원본》. '정의(正義)'가 '계설(界說)'로 바뀌어 있다.

의 힘 때문이다. 이 논리의 힘은 유클리드 기하학이 '공리화(公理化)'의 방법을 사용했다는 데서 찾을 수 있다. 다시 말하면 소수의 원시 명제와 몇몇 증명이 필요 없는 공리 및 공준에서 출발하여 연역적 추리를 통해 전체 기하학 지식을 유도해낸 것이다.

아인슈타인은 "바로 이런 논리 체계의 기적과 추리의 위대한 승리가 우리의 성공에 꼭 필요한 자신감을 가져다준다"라고 말했다.

대수학자 뉴턴 역시 "몇 안 되는 원리에서 그토록 많은 성과를 도출했다는 것, 이는 기하학의 영광이다!"라는 말로 극찬을 아끼지 않았다.

유클리드의 《기하학 원론》은 인류 역사상 최초로 연역 추리의 위대한 업적을 쌓았으며 인간의 이성적 사유를 이끄는 이정표가 되었다. 유클리드는 물질과 우주, 인간의 정신 사이에 하나의 초자연적 관계가 있다고 믿었으며 '점, 선, 면, 체(體)'를 모든 존재의 근간으로 보았다. 피타고라스의 '만물은 모두 수'라는 신념과 마찬가지로 유클리드는 모든 사물 간의 근본

관계를 이러한 기본적인 기하학 요소 간의 관계로 보았다. 그는 신이 기하학 원리에 따라 이 세상을 창조했기 때문에 이 기본 요소의 기하학적 관계를 파악하면 현실 세계에서 신에게 가는 길을 찾을 수 있다고 생각했다.

따라서 기하학의 정신은 동서양 문명의 분수령이 되었다. 19세기 프랑스 시인 폴 발레리(Paul Valery, 1871~1945)는 서유럽의 과학 기술이 전 세계에서 가장 앞설 수 있었던 이유를 다음과 같이 적고 있다.

• 살바도르 달리의 〈최후의 만찬〉. 자세히 살펴보면 이 장면의 배경이 20면체를 이루고 있다. 플라톤은 "신은 우주를 그리는 방식으로 정20면체를 묘사했다"라고 말했다.

> 그 이유는 유럽에 '그리스가 창조한 기하학'이 있기 때문이다. …(중략) 나는 독자들이 각 시기별로 이 학문의 효용성을 고찰해보기를 권한다. 우리는 기하학이 천천히 그러나 확실하게 권위를 인정받게 되었음을 알 수 있다. 그 권위란 어떠한 연구나 실험도 모두 기하학에 기대고 기하학으로부터 엄격한 절차와 대상을 철저하게 따지는 방법을 빌려온다는 점이다. 또한 이런 신중에 신중을 기하는 방법을 통해 굉장한 일을 해낼 수 있다는 사실이다. 현대 과학은 이런 위대한 교육을 통해서 탄생했다. 그 결과 전 세계적으로 기계 기술과 응용 과학, 전쟁 또는 평화의 수단 등에서 불평등이 생겨났다. 유럽인의 강점은 바로 이런 불평등에 기반을 두고 있다.

금관의 수수께끼를 푼 아르키메데스

유클리드 이후 그리스 수학에 크게 기여한 수학자는 아르키메데스(Archimedes, 기원전 287?~212)를 꼽을 수 있다. 역사는 "시라쿠사에서 태어난 현자 아르키메데스는 기계 제작의 대가였으며 평생 기하학을 연구했다. 그의 연구에 대한 열정은 75세를 일기로 삶을 마감할 때까지 계속되었다"라고 기록하고 있다.

한 역사학자는 아르키메데스를 다음과 같이 묘사했다.

: 에드먼드 핼리가 편찬한 《아폴로니우스 전집》 속표지의 삽화. 철학자 아리스티포스가 탄 배가 사고를 당해 해안에 도착한 후의 이야기를 담고 있다. 무인도의 모래사장에서 기하학 도형을 발견한 그는 동료를 다독이며 말했다. "친구들이여, 이제 우리는 살았소. 보시오. 이건 사람의 흔적이오."

(전략) 이처럼 높은 기개와 훌륭한 정신 그리고 해박한 과학 지식을 가진 그였기에, 사람들은 그가 발명한 기계를 보고 그를 신처럼 우러러보았다. 하지만 그는 이를 책으로 써서 후대에 남기려고 하지 않았다. 기계를 사용하거나 시교를 부려 큰돈을 버는 것을 비천하게 여겼기 때문이다. 그 대신 평생 동안 오묘하고 속세에 물들지 않는 기하학만을 추구했다.

아르키메데스는 지렛대의 원리를 깨우친 후 대자연을 향해 이렇게 자신 있게 외쳤다.

"나에게 서 있을 공간을 달라. 그러면 지구를 움직여 보이겠다!"

기개와 자신감에 가득 찬 이 외침은 오늘날에도 메아리치며 대자연의 심오한 과학을 찾으려는 우리에게 용기를 북돋워 주고 있다.

아르키메데스는 환상 같은 생애를 살았던 인물이다. 특히 유명한 일화 '금관의 수수께끼'는 지금까지 널리 전해져 온다.

시라쿠사의 국왕 히에론 2세(Hieron Ⅱ)는 신에게 바치기 위해 화려한 감실(龕室)에 넣을 순금 왕관을 만들기로 하고 이 일을 당대 최고의 금세공업자에게 맡겼다. 그는 기한 내에 일을 마치고 상금을 받았다. 그때 누군가 금세공업자가 금의 일부를 떼어내고 왕관에 은을 섞은 혐의가 있다고 고했다. 왕은 진노했지만 그렇다고 정교하게 세공된 왕관을 부술 수도 없었다. 그렇다면 그것이 사실인지 어떻게 밝혀낼 수

: 아르키메데스는 지렛대의 원리, 부력의 원리, 구의 표면적과 부피, 원주율 등을 발견했다.

: 지렛대의 원리를 깨우친 아르키메데스는 이렇게 말했다. "나에게 서 있을 공간을 달라. 그러면 지구를 움직여 보이겠다!"

있을까?

국왕은 절친한 친구 아르키메데스를 불러 이것의 진위 여부를 밝혀줄 것을 부탁했다. 명을 받은 아르키메데스는 며칠을 고민했지만 좋은 방법이 떠오르지 않았다.

어느 날 아르키메데스는 머릿속으로 그 문제를 생각하며 목욕을 하고 있었다. 그가 물이 가득한 욕조에 몸을 담그자 물이 밖으로 흘러넘쳤다. 그리고 몸이 가벼워졌다고 느끼는 순

: 욕조의 물이 흘러 넘치는 것을 보고 물체의 부피와 무게의 관계를 발견한 아르키메데스는 이렇게 외쳤다. "유레카(알았다)"

간 갑자기 좋은 아이디어가 번개처럼 뇌리를 스쳐 지나갔다. 그것은 서로 다른 물질로 이루어진 물체는 한 가지 물질로 이루어진 물체와 비록 무게는 서로 같아도 부피가 다르기 때문에 물 속에 넣었을 때 넘쳐 흐른 물의 무게도 다르다는 사실이었다. 이런 기막힌 발견에 흥분한 아르키메데스는 환호성을 지르며 욕조에서 뛰쳐나왔다. 그리고 옷도 걸치지 않은 채 큰 소리로 계속 외쳤다. "유레카(알았다)!"

이 발견이 바로 유명한 유제정력학(流體靜力學)의 '아르키메데스의 원리', 즉 물 속에서 가벼워진 어떤 물체의 무게는 그 물체가 배출한 물의 무게와 같다는 원리다. 이 원리는 나중에 그의 저서 《부체론(浮體論)》에 실렸다.

그가 알아낸 금관 문제는 수학적인 유도가 필요하다. 구체적인 방

법은 다음과 같다.

금관의 무게를 W, 그중 금과 은의 무게를 각각 W_1, W_2라고 하면, $W=W_1+W_2$가 된다. 만약 무게가 W, W_1인 순금을 물 속에 넣었을 때 밖으로 흘러나온 물의 무게를 각각 F_1, x라고 하면 $W:W_1=F_1:x$가 성립한다. 이를 정리하면 $x=\dfrac{F_1 W_1}{W}$이다.

마찬가지로 무게가 W, W_2인 은을 물에 넣었을 때 흘러나온 무게를 각각 F_2와 y라고 하면 $W:W_2=F_2:y$가 성립하며, 이를 정리하면 $y=\dfrac{F_2 W_2}{W}$가 된다. 여기서 금관을 물에 넣었을 때 흘러나오는 물의 무게를 F라고 하면,

$F=\dfrac{F_1 W_1}{W}+\dfrac{F_2 W_2}{W}$, 즉 $F=\dfrac{F_1 W_1 + F_2 W_2}{W}$가 성립한다.

이를 정리하면, $FW=F(W_1+W_2)=F_1 W_1 + F_2 W_2$이므로
$\dfrac{W_2}{W_1}=\dfrac{F-F_1}{F_2-F}$ 을 얻는다.

무게를 직접 측정하여 F, F_1, F_2를 알면 은과 금의 비율을 구할 수 있다. 만약 $F=F_1$이라면 은을 섞지 않았다는 말이 된다. 하지만 실제로는 그렇지 않았고 금세공업자는 자신의 탐욕에 대한 죗값을 받았다.

아르키메데스는 칠순의 노구를 이끌고 조국 시라쿠사를 지키려는 전쟁 중에 가장 비참하고 가슴 아픈 순간을 맞이했다.

기원전 214년, 마르쿠스가 이끄는 로마의 대군은 시라쿠사로 맹렬히 진군해 왔다. 로마군은 시라쿠사가 쉽게 함락되리라 믿었다. 그러나 끈질기고 효과적인 그들의 저항에 로마군은 크게 고전했다.

육지의 로마군은 시라쿠사의 성벽에 도달하기도 전에 대형 투석기에서 날아오는 나무와 돌에 맞아 아수라장이 되었다. 해상의 군선 역

시 마찬가지였다. 성벽으로부터 나온 기중기의 팔 모양 같은 기계가 성 아래에 도착한 로마의 군선을 붙잡아 사정없이 바닥에 내팽개쳤다. 상황이 어렵게 돌아가자 화가 난 마르쿠스는 직접 군선에 올라 공격을 진두지휘했다. 그러지 이번에는 성벽에서 엄청난 빛줄기가 날아와 그의 지휘탑을 에워싸더니 순식간에 군선을 불태웠다. 마르쿠스는 배를 버리고 퇴각할 수밖에 없었다. 로마 병사들은 공포에 휩싸여 성벽에서 날아오는 돌이나 나무만 봐도 간이 콩알만 해져 "아르키메데스의 기계가 또 우리를 공격한다"고 외쳐댔다.

마르쿠스는 작전회의를 소집한 자리에서 불같이 화를 내며 말했다. "로마가 과연 이 기하학에 정통한 '팔이 100개 달린 거인'을 쓰러뜨릴 수 있겠는가? 이 자는 해안가에 너무나 편안히 앉아서 마치 동전 던지기 놀이 하듯 우리 배를 부쉬버리고 있소. 게다가 돌과 나무를 쏘아대고 있는 걸 보자면 정말로 신화 속의 요괴보다 더 두렵소."

후에 로마군은 강한 공격 대신 성을 에워싸고 장기전에 돌입했다. 시라쿠사는 식량이 바닥나 결국 기원전 212년 로마군에게 함락되고 말았다. 시라쿠사가 함락될 때 마르쿠스는 아르키메데스에 대한 존경의 의미로 부하들에게 이 위대한 현자를 해쳐서는 안 된다고 명령했다. 그러나 광분한 로마군은 장군의 명령을 귀담아듣지 않았다. 방 안으로 뛰어들어온 한 로마 병사가 모래판 위에 기하학 도형 그리기에 열중하고 있는 한 노인의 모습을 보았다. 노인은 인기척을 느꼈지만 고개조차 들지 않고 "비켜라. 내 그림을 망치지 말지어다!"라고 외쳤다. 하지만 살의가 가득한 이 로마 병사는 그 말에 아랑곳하지 않고 칼을 휘둘렀고, 천재 수학자 아르키메데스는 피를 흘리며 바닥에 쓰러졌다.

마르쿠스는 아르키메데스의 죽음을 전해 듣고 크게 비통해 했다. 그리고 장인(匠人)에게 명하여 반구 모양의 묘에 아르키메데스를 안장하고 묘비에는 원기둥 안에 구가 내접한 모양을 새겨넣도록 했다고 한다.

그 이유는 아르키메데스가 '구의 부피와 겉넓이는 모두 외접하는 원기둥 부피 및 겉넓이의 $\frac{2}{3}$'라는 사실을 발견했기 때

• 태양광을 이용해 적의 배를 불태우는 아르키메데스. 로마군은 성벽에서 날아오른 이 빛줄기에 군선이 불타자 배를 버리고 퇴각했다.

문이다. 아르키메데스는 생전에 이 그림을 묘비에 새겨달라고 얘기했다고 전한다.

아르키메데스에 관한 더욱 감동적인 이야기는 '아르키메데스 사본(Palimpsest, 원문을 지우고 그 위에 새로 쓴 두루마리나 낱장 형태의 필사본-역주)'의 출현이다. 서기 1000년경 아르키메데스의 수학 업적을 흠모했던 한 필경사가 아르키메데스의 책 원고를 수집하여 양피지에

: 아르키메데스의 죽음. 상감 모자이크 기법으로서 고대 로마시대의 그림이라고 전해진다(왼쪽). 1887년 한 역사서의 삽화(가운데)로, 제목은 〈아르키메데스 최후의 순간〉. 프랑스 화가 쿠르투아(Gustave Courtois, 1853~1923)의 판화 작품(오른쪽).

: 아르키메데스의 묘를 찾은 키케로. 묘 앞의 기념비는 구와 원기둥으로 이루어져 있다.

정성껏 옮겨 적었는데, 그 분량이 약 90쪽이나 되었다. 그러나 12세기 말에서 13세기 초 무렵 한 시제가 이 양피지에 쓰인 원문을 지우고 그 위에 정교회(正敎會)의 기도문을 새겨넣었다. 이렇게 해서 아르키메데스의 책은 기도서로 바뀌었다.

1906년 이 기도서는 터키의 콘스탄티노플(현재의 이스탄불)에서 발견되었다. 누군가 양피지에서 과거에 미처 깔끔히 제거되지 않은 수학 문자에 주목했고 이 소식은 덴마크 코펜하겐 대학의 요한 헤이베르 (Johan L. Heiberg, 1854~1928) 교수 귀에 들어갔다. 문헌학자이자 역사학자인 헤이베르는 직접 콘스탄티노플로 달려와 이 기도서가 사실은 아르키메데스의 책임을 밝혀냈다. 이 책에서 가장 중요한 문서는 이미 유실된 것으로 알려졌던 《역학정리에 관한 방법》(약칭 '방법론')과 《스토마키온(Stomachion)》, 그동안 라틴어 번역본밖에 전해지지 않던 《부체론》의 그리스어 필사본이었다.

: 다중 스펙트럼 기술, 디지털 기술, 레이저 공초점 (confocal laser) 기술 등 첨단 기술을 동원하여 재현한 아르키메데스의 《방법론》.

하지만 당시 환경과 과학기술이 너무 열악하여 헤이베르는 '아르키메데스 사본'을 완벽히 해독해낼 수 없었다. 게다가 제1차 세계대전이 발발하면서 이 진귀한 고문헌은 한때 자취를 감췄다가 오랜 시간이 흐른 뒤 프랑스의 한 소장가의 저택에서 다시 발견되었다. 1998년 10월 뉴욕 크리스티 경매장에서 한 익명의 부호가 200만 달러에 이 아르키메데스 사본을 낙찰받았고 복원하기 위해 미국 볼티모어의 월터스(Walters) 박물관에 보냈다.

그 당시 아르키메데스 사본의 상태는 이미 최악이었다. 세월의 상흔이 고스란히 묻어 있었고 속표지 곳곳에는 곰팡이와 촛농이 가득했다. 게다가 후대 사람들은 내용 유실을 막기 위해 다량의 아교를 발랐다. 더구나 20세기의 희귀본 전문 위조범들이 이 책의 '몸값'을 높이기 위해 네 페이지에 걸쳐 비잔틴 시대의 종교화(畵)를 그려넣는 바람에 복구가 불가능할 정도로 훼손되고 말았다.

: 아르키메데스 사본(맨 위). 복원 과정을 거친 아르키메데스 사본(아래, A는 원본의 절반. B는 원본의 나머지 절반).

다행히 고문헌 복원 전문가가 적외선 및 디지털그래픽 컴퓨터처리

기술을 이용하여 인내심을 갖고 한 쪽씩 복원해나갔다. 결국 100년 전 헤이베르가 미처 해독하지 못한 부분을 보완했고, 원작에 그려져 있던 다수의 기하학 도형을 복원해내는 데 성공했다.

 2000년 5월부터 복원 작업은 더욱 속도를 냈다. 캘리포니아 스탠포드 대학의 싱크로트론 방사선 연구소의 우베 베리만 박사는 아르키메데스의 논문에 쓰인 잉크 속에 철 성분이 들어 있음에 착안했다. 즉 싱크로트론에서 발사된 강력한 X선을 이용하여 잉크 속의 철 원자를 발광(發光)시키면 지금까지 해독되지 않았던 문자와 그림이 하나씩 모습을 드러내리라고 생각했다. 월터스 박물관의 희귀본 담당 학예관 윌 노엘은 "마치 기원전 3세기(아르키메데스의 시대)로부터 팩스를 받은 기분"이라며 흥분을 감추지 못했다.

제3장
중국 수학의 고고한 품격

중국의 고대 수학은 유구한 역사와 풍부한 내용을 자랑한다. 중국은 이미 고대 상나라 때 구고의 정리(피타고라스 정리)에 대해 알고 있었다. 특히 전한 시기에 만들어진 《구장산술》은 중국 고대 수학을 대표하는 문헌으로서 위로는 전한 이전의 수학적 성과를 계승하고 아래로는 위진 남북조와 당송대 수학 발전의 근간이 되었다. 그래서 중국은 물론 세계 고대 수학의 발전에 큰 영향을 미쳤다. 특히 남북조 시대 조충지는 원주율을 계산했는데 이는 서양보다 1천 년이나 앞선 것이었다. 게다가 서양의 다원고차 방정식의 해법보다 500년이나 앞선 방정식 계산법은 중국 고대 대수학의 최고의 성과라 할 수 있다.

중국 수학의
고고한 품격

막대기 그림자로 태양의 높이를 계산한다

고대 중국의 주공(周公)은 수학에 정통한 현자 상고(商高)에게 수학을 배웠다는 일화가 전해온다. 다음은 주공이 상고에게 가르침을 청하는 내용이다.

주공이 상고에게 물었다.

"나는 상고가 계산술에 능하다고 들었는데 옛 성인 복희가 어떻게 광대한 하늘을 잴 수 있었는지 알고 싶습니다. 하늘에 오르는 사다리도 없고 자로 재기에는 무척 큰데 어떻게 그게 가능했을까요?"

상고가 대답했다.

"계산하는 방법은 원(圓)과 직사각형[方]에서 비롯됩니다. 원은 직사각형에서 나오고, 직사각형은 곡척[矩, ㄱ자로 굽은 자, 노몽(gromon)]에서 얻습니다. 곡척은 구구팔십일(九九八十一)의 계산술에서 생깁니다. 곡

: 《주비산경(周髀算經)》 '주공문수(周公問數)' 편. 《주비산경》은 중국 고대의 천문학과 수학을 정리한 서적으로 여기에는 피타고라스의 정리보다 500년이나 앞선 '구고의 정리' 개념이 소개되어 있다.

척을 접어 아랫변[勾廣]을 3, 직각인 세로변[股修]을 4가 되도록 하면 빗변[徑隅]은 5가 됩니다. 그리고 아랫변과 세로변을 한 변으로 하는 정사각형을 그립니다. 이미 그려진 빗변의 반대 방향으로 곡척을 사용하여 또 정사각형을 그립니다. 이 직각삼각형[外半其一矩]에 아래, 옆, 위에 각각 정사각형을 붙이면 큰 정사각형을 얻게 됩니다. 즉 길이가 3, 4, 5인 세 정사각형이지요. 두 삼각형의 넓이[長]의 합은 25이고, 이는 큰 사각형의 넓이와 같습니다. 우(禹) 임금이 천하를 다스릴 수 있었던 이유 역시 이 숫자 때문이었습니다."

상고의 이 말은 중국 고대 수학의 유구한 역사와 풍부한 내용을 잘 보여준다. 예를 들어 우의 치수 시기에 고대 중국인은 이미 '구고의 정리'(勾股定理, 피타고라스의 정리를 가리킨다-역주)를 알고 있었다. 또한 상고가 한 위의 말은 피타고라스의 정리를 아주 간결하고 깔끔하게 증명하고 있다. 또한 "계산하는 방법은 원과 직사각형에서 비롯된다"는 말 역시 심오한 수학적 의미를 담고 있다. 그런 이유로 주공은 상고의 말을 듣고 손뼉을 치며 "수는 정말 위대하다"라고 감탄했던 것이다.

상고의 설명을 듣고 주공은 수학에 큰 흥미를 느꼈다. 그는 다시 상고에게 물었다.

"……곡척을 사용하는 이치를 말씀해주십시오."

상고가 답했다.

"곡척[矩]을 가지고,

(1) 먹줄[繩]과 나란히 놓으면[平] 먹줄이 똑바른지 알 수 있고,

(2) 세우면[偃] 높이[高]를 알 수 있고,

(3) 반대로 뒤집으면[覆] 깊이[深]를 잴 수 있고,

(4) 엎어 놓으면[臥] 거리[遠]를 알 수 있고,

(5) 만나는 부분을 중심으로 돌리면[環] 원[圓]을 그릴 수 있고,

(6) 두 번을 합하면[合] 정사각형[方]을 만들 수 있습니다.

네모[方]는 땅에 속하고 원은 하늘에 속하며 하늘은 둥글고 땅은 네모납니다. 사각형[方形]을 재는 계산 방법으로 원을 잴 수 있습니다. …(중략) 이런 이치로 땅을 아는 사람은 지혜롭고 하늘을 아는 사람은 현명하다고 했습니다.

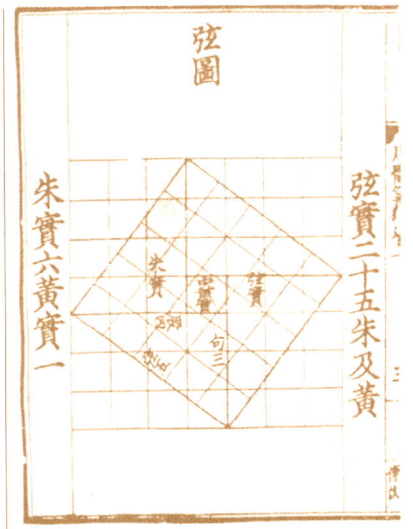

: 《주비산경》에 묘사된 '구고의 정리'를 증명하는 그림(위). 2002년 베이징 국제수학자대회(ICM)의 로고(아래).

지혜는 구(勾, 직각삼각형의 한 변)에서 나오고, 구는 곡척에서 나옵니다. 무릇 곡척을 가지고 만물을 다 그릴 수 있으며 못하는 바가 없습니다."

: 산동성(山東省) 우량츠(武梁祠)에 있는 한나라 묘실의 석각에 새겨진 복희와 여와. 한 사람은 곡척을, 다른 한 사람은 컴퍼스를 들고 있다.

규(規, 컴퍼스)와 구(矩, 곡척)는 고대 중국인이 사용했던 수학 도구였다. 한(漢)대 묘실의 석각에 곡척을 든 복희(伏羲)와 컴퍼스를 들고 있는 여와(女媧)가 조각되어 있다. 곡척의 원리는 고대 중국의 수학에서 측정의 기본이 되었고 이로부터 다양한 기하학이 발전했다.

한편 고대 중국에서는 '막대기 그림자로 태양의 높이를 계산'했다고 전해진다.

중국 고대의 제왕은 자신을 하늘의 아들, 즉 천자(天子)라 칭했다. 천자는 대대로 날짜를 측정하고 역법(曆法)을 반포하여 온 세상에 알리는 신성한 임무를 수행해왔다. 중국은 역법 제정의 필요성 때문에 춘추전국 시대부터 하지와 동지 때 '구영(晷影)'을 측정한 기록이 있다. '구영'이란 길이 8척의 막대기를 땅 위에 세운 뒤 매일 정오에 측정한 태양 그림자의 길이를 말한다. 일 년 중 구영이 가장 짧은 날이 하지이고 가장 긴 날이 동지이다.

하짓날 구영이 1척 5촌(약 45센티미터)인 지점을 '지중(地中)'이라고 한다. 막대기 한 개를 세워 해 그림자를 잰 후 막대기 두 개를 세워

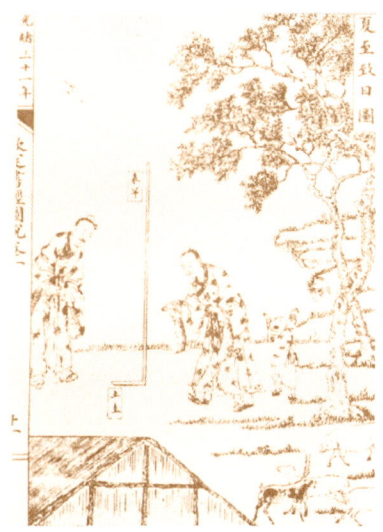 

- 하지측일도(夏至測日圖). 하짓날 태양 그림자 길이를 측정하는 그림.
- 규망해도도(窺望海島圖). 섬까지 거리를 측정하는 그림.

태양의 고도를 측정한다.

고대 산술 문헌의 기록에 따르면 낙양(洛陽)성의 평지에 남북 방향으로 높이 8척(약 2.4미터)의 장대 두 개를 세운다. 이때 둘 사이의 거리는 최대한 멀게 한다. 같은 날 낮에 각각 해 그림자의 길이를 잰다. 여기서 (그림자 길이의 차) = (북쪽 막대기의 그림자 길이) − (남쪽 막대기의 그림자 길이)다.

따라서,

$$\text{태양의 고도} = \frac{\text{막대기의 높이} \times \text{막대기 사이의 거리}}{\text{그림자 길이의 차}} + \text{막대기의 높이}$$

이다. 또한,

$$\text{남쪽 막대기에서 태양까지의 높이} = \frac{\text{남쪽 막대기 그림자의 길이} \times \text{막대기 사이의 거리}}{\text{그림자 길이의 차}}$$

가 된다.

위진남북조 시대의 수학자 유휘(劉徽)는 《구장산술주(九章算術注)》에서 천문 현상도 측정할 수 있으니 산의 높이나 강의 폭쯤은 쉽게 잴 수 있다고 말했다. 그는 피타고라스의 정리를 이용한 측량의 원리를 자세히 설명하기 위해 《구장산술》 '구고장(勾股章)' 뒤에 측량 문제 9개를 실었다. 첫 번째 문제는 섬의 높이를 측량하는 문제이기 때문에 나중에 이를 분리하여 《해도산경(海島算經)》이라는 책에 수록했다.

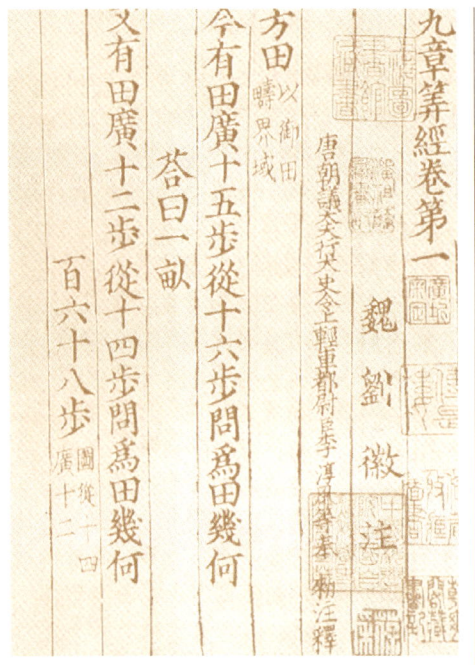

: 고대 중국 수학을 대표하는 중요한 문헌인 《구장산술》. 《송각산경육종(宋刻算經六種)》의 하나다. 중국은 물론 세계 고대 수학 발전에 큰 영향을 미쳤다.

원을 분할하여 원의 넓이를 구한 유휘

당나라 때 국자감에 '명산과(明算科)'를 두었다. 이순풍(李淳風)이 명을 받들어 10부의 수학책을 골라 교과서로 삼았는데, 각각 《주비산경》 《구장산술》 《해도산경》 《철술(綴術)》 《손자산경》 《장구건산경(張丘建算經)》 《오조산경(五曹算經)》 《오경산술(五經算術)》 《하후양산경》 《집고산경(緝古算經)》이었다. 남송 시대에 이르러 판각(板刻)을 할 때 유실된 《철술》 대신 《수술기유(數術記遺)》를 넣었다. 후대 사람은 이를 '십부산경(十部算經)'이라고 불렀으며 고대 중국 수학을 연구하는 귀중한 자료가 되었다.

특히 《구장산술》은 고대 중국 수학을 대표하는 중요한 문헌으로서 대략 전한(前漢, 기원전 206~서기 8) 중기 무렵에 만들어졌으며 '구고현(勾股弦, 직각삼각형의 세 변을 말함-역주)'을 중요하게 다루고 있다. 이 책은 위로는 진한(秦漢) 이전의 수학적 성과를 계승하고 아래로는 위진남북조와 당송(唐宋)대 수학 발전의 근간이 되었다. 그래서 중국은 물론 세계 고대 수학의 발전에 큰 영향을 미쳤다.

《구장산술》은 총 246개의 응용 문제를 수록하고 있으며 모든 문제는 답과 풀이를 싣고 있다. 각 장의 명칭과 주요 내용은 다음과 같다.

제1장 방전(方田). 전답 측량과 관련한 넓이, 분수 문제
제2장 속미(粟米). 곡물 교환을 예로 든 여러 비례 문제
제3장 쇠분(衰分). 비율에 따른 분배와 등차수열 문제
제4장 소광(少廣). 전답 계산을 통한 분수, 거듭제곱근 문제
제5장 상공(商功). 토목 공사와 관련한 부피 문제
제6장 균수(均輸). 공평한 부역 부과 및 세금 징수와 관련한 비례 문제
제7장 영부족(盈不足, 남거나 부족한 경우, 과부족셈이라고 한다 – 역주). 두 가지 가설로 복잡한 산술 문제를 푸는 특수한 산술법
제8장 방정(方程). 다원1차 연립방정식 문제
제9장 구고(勾股). 피타고라스의 정리 및 응용

《구장산술》을 거론할 때 여기에 주석을 단 수학자 유휘를 빼놓을 수 없다. 하지만 안타깝게도 유휘의 생애에 대해서는 거의 전해지지 않는다. 역사서에는 "위나라 진류왕(陳留王) 경원(景元) 4년에 유휘가

: 장자오허(蔣兆和)가 그린 유휘의 초상화. 유휘는 《구장산술》의 주석을 단 수학자로 알려져 있다.

《구장산술》에 주석을 달았다"라는 간략한 기록만 남아 있을 뿐이다. 이 기록을 통해 유휘가 서기 3세기 위진 시대 사람이며 263년 《구장산술주》를 편찬했음을 알 수 있다.

유휘는 《구장산술》 서문에서 "나는 어렸을 때 《구장산술》을 배웠고 장성하여 이를 다시 상세히 공부했다. 음양의 분할을 관찰하고 산술의 근원을 종합했으며 깊고 오묘한 이치를 연구하던 중 드디어 그 원리를 깨달았다. 그래서 혼신의 힘을 다해 내가 깨달은 바를 모아 주해를 달았다"라고 썼다.

유휘의 《구장산술주》는 고대 중국 전통 수학의 이론적 토대이자 고대 동방 수학이론의 우수성을 유감없이 보여준 획기적 대작이다. 특히 '할원술(割圓術)'은 유휘의 모든 수학 업적 가운데 가장 우수한 내용으로 평가받고 있다.

《구장산술》에는 원의 넓이를 구하는 공식 '반원의 둘레×반지름' 이 나온다. 이는 '원의 넓이'가 '가로 길이가 반원의 둘레'이고 '세로 길이가 반지름'인 직사각형의 넓이와 같다는 의미다.

유휘는 '할원술', 즉 '원을 분할하여 사각형으로 조합하는' 기하학 방법을 이용하여 원의 넓이를 구하는 공식의 정확성을 증명했다.

유휘는 먼저 원에 내접하는 정6각형을 그린 후 다시 이 정6각형을 정12각형으로 분할했다. 이때 정12각형은 6개의 연(鳶) 모양 사각형으로 분해할 수 있는데 이를 퍼즐처럼 하나로 모으면 가로 길이가 정육각형의 둘레 길이의 절반 $\left(\dfrac{C_6}{2}\right)$, 세로 길이가 원의 반지름(R)과 같은 직사각형이 된다. 다시 말하면 정12각형의 넓이

$$S_{12} = \dfrac{C_6}{2} \times R = 3 \times (a_6 \times R)$$

가 된다. 위의 식을 풀이하면, 정12각형의 넓이는 정6각형의 한 변의 길이 a_6를 밑변으로 하고 원의 반지름 R을 높이로 하는 평행사변형을 3개 합친 넓이라는 의미가 된다.

여기서 다시 정12각형을 정24각형으로 분해하면 동일한 방법으로 정24각형의 넓이를 구할 수 있다. 즉,

$$S_{24} = \dfrac{C_{12}}{2} \times R = 6 \times (a_{12} \times R)$$

이다. 물론 원을 정24각형으로 분할한 그림을 직접 그리지는 않았지만 이처럼 '원을 분할하여 사각형으로 짜맞춘다'는 과정과 예상되는 변화 규칙은 명백하다. 그래서 유휘는 그의 주해에 다음과 같이 적고 있다.

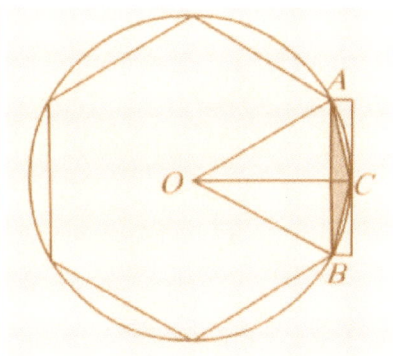

• 유휘의 '할원술' 표시도.

• 태평양의 섬나라 미크로네시아 연방에서 유휘의 원주율 계산을 기념하여 발행한 우표. 배경의 도안이 청나라 때 고증학자이자 철학자인 대진(戴震)이 나머지 부분을 그려넣은 '호전도(弧田圖)'라는 점이 흥미롭다.

　　원둘레를 잘게 잘라 붙이면 남는 부분이 점점 작아진다. 이렇게 자르고 또 잘라 더 이상 자를 수 없을 때까지 계속하면 결국 원과 합쳐지고

남는 부분은 없어진다.

이처럼 유휘는 극한을 이용하여 원의 넓이를 구하는 공식이
$S = \dfrac{C}{2} \times R$임을 증명해냈다.

《구장산술》 '원전술(圓田術)'에 나오는 "원둘레의 절반과 반지름을 곱하면 원의 넓이가 된다"는 내용은 원의 넓이를 구하는 정확한 공식이다. 하지만 원주와 반지름을 직접 측정해야 하기 때문에 실제 활용에는 여러모로 불편이 따른다. 또 《구장산술》 '방전장(方田章)'에는 다음 세 가지 실용적인 계산법이 실려 있다.

: 조충지의 초상화(장자오허 작품).
조충지는 역사적으로 드문 박학다식한 인물이었다. 훗날 이 위대한 과학자를 기리기 위해 달 뒷면에 있는 크레이터는 '조충지 크레이터'로, 소행성 1888은 '조충지 소행성'으로 이름 붙여졌다.

"원주와 지름을 곱한 뒤 4로 나눈다", "지름을 제곱한 뒤 3을 곱하고 4로 나눈다", "원주를 제곱한 뒤 12로 나눈다".

C를 원주, D를 지름이라고 할 때 위의 세 공식을 식으로 쓰면 다음과 같다.

(1) $S = \dfrac{1}{4}(C \times D)$

(2) $S = \dfrac{3}{4}D^2$

(3) $S = \dfrac{1}{12}C^2$

공식 (2)와 (3)을 적용하면 근삿값 $\pi = 3$을 얻을 수 있다. 하지만 유휘는 이 값의 오차가 너무 크다고 생각하여 '할원술'을 이용했다. 먼저 지름이 2척인 원을 그리고 이 원에 내접하는 정육각형을 그렸다. 이

를 192각형으로 늘려서 π=3.14를 구했다. 분수로 표현하면 $\frac{157}{50}$ 이다. 유휘는 한 걸음 더 나아가 3,072각형을 통해 π=3.1416을 얻었다.

서양보다 1천 년이나 앞선 원주율 계산법

남북조 시대에는 조충지(祖沖之, 429~500)라는 수학자가 있었다. 그는 어려서부터 과학 지식을 배웠고 청년기에는 '화림학성(華林學省)'에서 학술에 종사했으며 수학 이외에 천문 역법과 기계 분야에도 큰 업적을 남겼다. 그가 창제한 '대명력(大明曆)'은 세차(歲差)의 영향을 반영한 최초의 역법이었다. 또한 물레방아와 구리로 만든 기계로 움직이는 지남차(指南車), 천리선(千里船), 시계 등을 제작했을 뿐 아니라 음률과 문학, 고증학에도 조예가 깊었다.

: 《수서 율력지(隋書律曆志)》에는 이렇게 기록되어 있다. "송(宋, 420~479)나라 말기 조충지가 더욱 정밀한 원주율을 계산했다. 원의 지름을 1장(丈)이라고 하면 원둘레는 3장 1척(尺) 4촌(寸) 1분(分) 5리(厘) 9호(毫) 2초(秒) 7홀(忽)보다 작고, 3장 1척 4촌 1분 5리 9호 2초 6홀보다 크다. 좀 더 정확한 값은 원의 지름이 113일 때 원주가 3350이고 대략적인 값은 원의 지름이 7일 때 원주가 22이다. 또한 넓이의 채[差冪]를 이용하여 평면도형의 변의 길이를, 부피의 채[差立]를 이용하여 입체도형의 변의 길이를 구했는데 여기에 모두 원주율을 사용했다. 이 원주율의 이치는 매우 오묘하여 계산했을 때 이보다 더 훌륭할 수 없었다. 이 내용을 엮어 책이름을 《철술(綴術)》이라고 했다. 그러나 학술을 담당한 관리들은 그 심오한 이치를 깨닫지 못해 이를 거들떠보지도 않았다."

조충지 역시 유휘의 '할원술'을 이용했다. 그는 24,576각형까지 확대하여 3.1415926 < π < 3.1415927을 얻었다.

또한 조충지는 분수로 나타낸 원주율의 근삿값을 구했다. 그중 대략적인 값은 $\frac{22}{7}$, 정밀한 값은 $\frac{355}{113}$ 이다. 특히 $\frac{355}{113}$ 는 분자와 분모가 1,000을 넘지 않는 분수 중 π의 참값에 가장 근접하는 분수다. 조충지의 업적을 기리기 위해 이 값은 '조율(祖率, 조충지의 π값)'이라고 명명되었다.

서양의 경우 16세기가 되어서야 비로소 독일의 오토와 네덜란드의 안토니츠에 의해 이와 동일한 원주율이 발견되었다.

원의 길이를 재는 문제는 고대 기하학에서 매우 중요했다. 왜냐하면 이는 인류가 물건의 형태를 인식하고 탐구하는 과정이 '직선'에서 '곡선'으로 진화하는 중요한 첫걸음이었기 때문이다.

또한 수학적 사고의 범위가 '유한'에서 '무한'으로 도약하는 과정이기도 했다. 원의 길이를 통해 원주율을 계산할 수 있게 되면서 정확한 원주율 계산은 고대 수학의 발전 수준을 평가하는 중요한 척도가 되었다.

고대에는 원주율 값으로 오랫동안 π=3을 사용했다. 심지어 유클리드는 《기하학 원론》에서 "두 원의 비율은 지름을 한 변으로 한 정사각형의 비율과 같다"는 정확한 명제를 도출했지만 원주율 계산에 대해서는 아무런 기여도 하지 못했다. 원주율을 진정한 과학의 영역에서 계산한 최초의 수학자는 아르키메데스다. 아르키메데스는 〈원의 측정에 대하여〉란 논문에서 기하학을 이용하여 $3\frac{1}{7} < π < 3\frac{10}{71}$ 임을 증명했다.

고대 중국에서도 π=3을 사용했다. 그러나 유휘, 조충지의 업적에 힘입어 중국은 다른 나라보다 약 1천 년이나 앞서서 정확한 π값을 구할 수 있었다.

오늘날 원주율은 우리의 삶 속에 깊숙이 자리 잡고 있다. 예를 들어 매년 3월 14일은 '원주율 마니아'의 기념일이다. 그들은 3월 14일 오후 1시 59분 정시에 한데 모여 원주율 문제를 토론한다. 또 'π'자가 적힌 티셔츠를 입고 파이('pie'와 원주율 'π'의 발음이 같으므로)나

원주율과 관련된 주제의 음식을 먹으며 원주율 암기 대회를 연다. 원주율을 대하는 이들의 열정은 거의 종교에 가깝다. 심지어 한 유명 브랜드 남성 향수는 제품명을 'π'라고 짓기도 했다. 미국 MIT 공과대학 역시 신입생 합격 통지서를 가급적 3월 14일에 맞춰 발송할 만큼 원주율에 대한 애정이 남다르다.

관리 승진 시험에 출제된 '영부족' 계산법

고대 중국 수학의 두드러진 특징은 수학을 일상생활과 생산 활동에 접목시켰다는 점이다. 바로 이런 이유 때문에 수학을 배우는 관리들이 적지 않았고 심지어 수학 실력에 따라 승진 여부가 결정되기도 했다. 《당궐사(唐闕史)》에는 다음과 같은 일화가 기록되어 있다.

청주상서(靑州尙書) 양손(楊損)은 행정관리를 잘 선발하기로 유명했다. 그는 사적인 영향을 받지 않았고 개인의 취향에 따라 일을 처리하지도 않았다. 그 대신 후보 관리들의 공(功)과 과(過)에 대한 여론의 평가를 수렴하고 여러 비판적 의견을 모아 종합적으로 평가했다. 지위가 낮은 하급 관리에 대해서도 예외 없이 같은 원칙을 적용했다.

어느 날 관리 두 명이 승진을 앞두고 있었는데 이들은 직무도 서로 같았고 근무 연한과 공적, 위법 사항도 거의 차이가 없었다. 인사 심의관은 누구를 승진시켜야 할지 혼자 힘으로 해결할 수 없자 자신의 상관인 양손에게 도움을 청했다. 양손은 잠시 생각에 잠기더니 다음과 같이 말했다.

"관리의 생명은 계산을 빨리 하는 것 아닌가? 지금 곧 두 사람을 불러와 내가 내는 문제를 풀도록 하게. 누구든 문제를 먼저 정확히 푸는 사

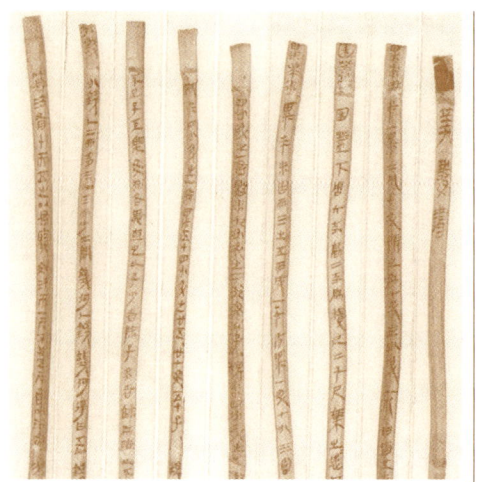

• 죽통(竹筒) 《산수서(算數書)》. 1984년 후베이 성(湖北省) 장링(江陵) 장자산(張家山) 247호 한(漢)나라 무덤에서 출토된 중국 최초의 수학 문헌. 맨 오른쪽 죽통에 '산수서(算數書)'라는 글자가 보인다. 왼쪽에서 두 번째 죽통에 "돈을 나누려고 한다. 사람이 2명이면 3개가 남고 사람이 3명이면 2개가 모자란다. 사람과 돈은 각각 얼마인가"라고 쓰여 있다. 이는 고대 중국의 '영부족(盈不足)' 문제 가운데 가장 기본적인 계산 방식이었다.

람을 승진시킬 것이네. '어떤 사람이 숲속 오솔길에서 산책을 하다 우연히 도둑들이 훔쳐온 옷감을 어떻게 나눌지 의논하는 모습을 보았다. 만약 한 사람당 6필씩 나누면 5필이 남고 7필씩 나누면 8필이 모자란다. 도둑은 모두 몇 명인가? 그리고 옷감은 모두 몇 필인가?"

양손은 두 후보 관리들을 불러 대청 돌계단 아래에서 이 문제를 계산하도록 명했다. 잠시 후 한 명이 정확한 답을 계산해냈고 양손은 즉시 그를 승진시켰다.

양손이 낸 '도둑 문제'는 《구장산술》에 나오는 '영부족(남거나 부족한 경우)' 계산법에 해당한다. 즉 두 개의 가정을 통해 복잡한 문제의 해법을 구하는 계산법이다.

《구장산술》에 기록된 전형적인 영부족 문제는, "여기에 사람들이 공동으로 물건을 사려고 한다. 한 사람당 8전씩 내면 3전이 남고 7전씩 내면 4전이 부족하다. 사람 수와 물건 값은 각각 얼마인가?"이다.

사람 수를 x, 물건 값을 y라고 가정하자. 또 한 사람당 내는 돈이 a_1, a_2일 때 남는 돈을 각각 b_1, b_2라고 하자. 《구장산술》 '영부족 계산법'은 다음의 해법에 해당한다.

$$x = \frac{b_1 - b_2}{a_1 - a_2}, \quad y = \frac{a_2 b_1 - a_1 b_2}{a_1 - a_2}$$

이며, 한 사람당 내야 할 돈 $= \frac{a_1 b_1 - a_1 b_2}{b_1 - b_2}$ 이다.

또한 '영부족' 계산법은 일반적인 산술 문제뿐 아니라 복잡한 비선형(非線型) 문제도 일부 해결할 수 있었다. 가령 《구장산술》 영부족 장에는 다음과 같은 문제가 실려 있다.

• "무릇 관리란 자는 계산을 누가 먼저 하느냐가 가장 중요하다! 계단 아래 엎드려 문제를 풀라. 먼저 끝내는 자가 이길 것이다!"(《당궐사》)

여기에 부들[蒲]과 골풀[莞]이 있다. 하루가 지나자 부들은 3척이 자랐고, 골풀은 1척이 자랐다. 그후 하루가 지날 때마다 부들은 전날의 절반씩 더 자랐고 골풀은 두 배씩 더 자랐다. 부들과 골풀의 길이는 언제 같아지겠는가?

만약 현대 수학으로 문제를 푼다면 부들과 골풀의 길이가 같아질 때까지 걸리는 날수를 x라 할 때, 방정식

$$2^x - 1 = 6 - \frac{6}{2^x}$$ 이 성립한다.

이 식을 간단히 하면 $(2^x)^2 - 7 \times 2^x + 6 = 0$

즉, $x = \log_2 6 \approx 2.59$(일)을 얻는다.

물론 《구장산술》 시대 사람들은 이런 지수 법칙을 알기 어려웠을 것이다. 하지만 고대 중국인은 부들과 골풀이 하루 동안 동일한 속도로 성장한다고 생각하여 영부족 계산법을 이용했다. 그 방법은 다음과 같다.

먼저 가상 실험을 해보자. 이틀이 지나면 부들이 골풀보다 1척 5촌이 크지만 3일이 지나면 오히려 골풀이 부들보다 1척 7촌 반이 더 커진다.

날짜 수	부들의 길이(촌)	골풀의 길이(촌)	골풀의 길이 − 부들의 길이
1	30	10	− 20
2	45	30	− 15
3	52.5	70	+ 17.5

영부족 계산법의 공식에 의해,

날짜 수 = $\dfrac{2 \times 17.5 + 3 \times 15}{15 + 17.5} = 2\dfrac{6}{13}$ (일)이 된다.

음수는 어떻게 수학에 도입되었을까

《구장산술》이 대수학 분야에 기여한 또 다른 공로는 '음수'의 도입이다. '방정(方程)'장에 기록된 '정부술(正負術)'은 다음과 같은 덧셈과 뺄셈 법칙을 설명하고 있다.

'같은 이름'은 서로 빼고 '다른 이름'은 서로 더한다. 영(0)에서 양수를 빼면 음수가 되고 영에서 음수를 빼면 양수가 된다. '같은 이름'은 서로 더하고 '다른 이름'은 서로 뺀다. 영에서 양수를 더하면 양수가 되고 영에서 음수를 더하면 음수가 된다.

여기에서 '같은 이름'과 '다른 이름'이란 '같은 부호'와 '다른 부호'를 가리킨다. 서로 더하고 서로 뺀다는 말은 두 수의 절댓값을 각각 더하고 뺀다는 뜻이다.

만약 $a>b>0$이라고 가정할 때 앞의 '정부술'은 다음의 뺄셈 법칙과 덧셈 법칙에 해당한다.

(1) 뺄셈 법칙 (앞의 두 문장)

$$(\pm a) - (\pm b) = \pm (a-b),$$
$$(\pm b) - (\pm a) = \mp (a-b),$$
$$(\pm a) - (\mp b) = \pm (a+b),$$
$$0 - a = -a,$$
$$0 - (-a) = a$$

(2) 덧셈 법칙 (뒤의 두 문장)

$$(\pm a) + (\mp b) = \pm (a-b),$$
$$(\pm b) + (\mp a) = \mp (a-b),$$
$$(\pm a) + (\pm b) = \pm (a+b),$$
$$0 + a = a,$$
$$0 + (-a) = -a$$

우리는 음수를 '영하(零下)', '부채(負債)', '손해'와 같이 양수와 반대 의미의 값이란 점을 지나치게 강조하는 경향이 있다. 실제로 중국을 제외한 고대 문명에서 음수를 사용하지 않았던 원인 역시, 작은 수에서 큰 수를 빼는 상황이 발생하면 역으로 큰 수에서 작은 수를 뺀 뒤 반대 의미를 부여하면 충분했기 때문이다. 하지만 작은 수에서 큰 수를 빼는 상황은 필연적으로 발생한다. 즉 음수가 수학에 편입된 주원인은 계산의 방법론적 산물이었다.

음수가 중국에서, 그리고 《구장산술》 '방정장'에서 처음 등장한 이유도 바로 여기에서 찾을 수 있다. 그 이유는 '방정장'에서 소개하고 있듯이 '편승(遍乘, 방정식에서 한 변의 모든 항에 상수를 곱하다-역주)', '직제(直除, 방정식에서 한 변의 미지수를 소거하다 – 역주)'를 이용하여 항을 소거할 때 작은 수에서 큰 수를 빼는 상황이 발생할 수 있기 때문이다. 음수를 도입하지 않는다면 '직제' 계산은 불가능해진다.

'방정장'의 제3번 문제를 보자.

여기에 벼 상품(上品) 2다발, 중품(中品) 3다발, 하품(下品) 4다발 있는데 상품, 중품, 하품의 알곡을 합쳤더니 한 말이 안 되었다. 상품에다가 중품을, 중품에다가 하품을, 하품에다가 상품을 각각 한 다발씩 더했더니 그 알곡들 모두 합하여 한 말이 되었다. 상품, 중품, 하품의 다발은 각각 알곡이 얼마인가?

고대 방정식 계산법에 따라 계산식을 배열해보자.

상품	1	0	2
중품	0	3	1
하품	4	1	0
알곡	1	1	1

여기서 어떤 두 개의 열(列)을 소거하든 영(0)에서 양수를 빼야 하는 상황이 생긴다.

때때로 '음의 계수'와 만나는 경우도 생긴다. 예를 들어 '방정장' 제4번 문제는 다음과 같다.

여기 벼 상품 5다발이 있는데 알곡을 1말 1되 덜어냈더니 하품 7다발과 같았다. 상품 7다발에서 알곡을 2말 5되 덜어냈더니 하품 5다발과 같았다. 벼 상품과 하품의 알곡 1다발은 각각 얼마인가?

《구장산술》에서 제시한 계산법은 다음과 같다.

상품 5다발 정(+), 하품 7다발 부(−), 줄어든 알곡 1말 1되

상품 7다발 정(+), 하품 5다발 부(−), 줄어든 알곡 2말 5되

이를 산대판(籌算板)에 늘어놓으면 다음과 같다.

상품	7	5
하품	-5	-7
알곡	25	11

이처럼 '음수'를 구별해주어야만 한다.

《구장산술》 이후 위진남북조 시대의 수학자 유휘는 음수의 출현에 대해 매우 자연스러운 해석을 내리고 있다. 그는 주해에서 "계산 과정에서 서로 반대 의미의 값을 만나면 양수와 음수로 이들을 구분한다"라고 밝혔다. 또한 산가지로 계산할 때 빨간색 산가지는 양수, 검은색 산가지는 음수를 표시하며 "그렇지 않으면 산가지를 비틀어 놓아 음수를, 바로 놓아 양수를 표시할 수도 있다"라고 주장했다.

음수의 등장은 인류 문화사의 크나큰 발전이었다. 인간이 처음으로 양수의 울타리에서 벗어난 사건이기 때문이다. 수학 발전사를 살펴보면 유럽의

음수의 표시. 산가지 위에 다른 산가지를 비슷하게 놓는다. 음수와 음수의 계산 법칙의 발견은 지금으로부터 2천 년 전 또는 그 이전에 중국의 학자가 이룩한 가장 큰 성과였다. 최초로 양수의 한계를 뛰어넘었기 때문이다. 중국 수학은 이 분야에서 다른 나라의 과학보다 수 세기를 앞선다. − 유쉬케비치(1873~1945)의 《중국학자들의 수학적 업적》 중에서

(위) 강아지 : 멍멍! 너무 그렇게 '마이너스'가 되지마……
(아래) 강아지 : 눈썹의 이계도함수 $f''(x)$처럼 '플러스'로 바꿔봐!

수학자는 16세기에도 음수를 제대로 받아들이지 않았다. 어떤 수학자는 '−1 : 1 = 1 : −1'이라는 재미있는 주장을 들어 음수를 반대했다. 하지만 −1은 1보다 작다. 어떻게 작은 수와 큰 수의 비율이 큰 수와 작은 수의 비율과 같을 수 있단 말인가? 많은 사람이 이런 반박에 일리가 있다고 생각했다.

그럼에도 음수는 여전히 유럽인에게 '영보다 작은 터무니없는 수'라고 인식되었다. 독일의 수학자 고트프리트 빌헬름 라이프니츠(Gottfried Wilhelm Leibniz)마저 1712년까지 이 주장이 합당하다고 생각했다. 영국의 수학자 존 월리스(John Wallis)는 음수를 인정했지만, 음수가 영보다는 작고 무한소(無限小)보다는 크다고 생각했다(1655년).

영국의 유명한 대수(代數)학자 오거스터스 드 모르간(Augustus De Morgan) 역시 음수를 여전히 '허구의 수'라고 주장했다(1831년). 그는 '아버지가 56세, 아들이 29세라고 하자. 언제 아버지의 나이가 아들의 두 배가 되는가?'라는 문제를 통해 자신의 주장을 설명했다. 그는 이에 대한 방정식 $56+x=2(29+x)$을 세워서 $x=-2$를 얻었다.

그는 이 해가 황당무계하다고 말했다. 물론 18세기가 되면 유럽에서 음수를 배척하는 사람은 많지 않았다. 그리고 19세기에 정수 이론의 기초가 확립되면서 음수의 논리적 합리성은 확고하게 자리 잡게 되었다.

미지수를 포함한 방정식을 세우는 방법, 천원술과 사원술

송원(宋元)대에 이르러 양휘(楊輝), 진구소(秦九韶), 이야(李冶), 주세걸(朱世杰) 등 유명한 수학자가 대거 출현하면서 중국 수학은 또 한 차례 비약적인 발전을 이루었다. 그들은 '대연구일술(大衍求一術)', '고차초차법(高次招差法)', '천원술(天元術)', '사원술(四元術)' 등 수많은 수학 업적을 남겼다. 여기에서는 간단히 '천원술'과 '사원술'에 대해 알아보자.

'천원술'이란 현대 대수학에서 방정식을 만드는 방법, 즉 이미 알고 있는 조건을 이용하여 미지수를 포함한 방정식을 세우는 방법을 말한다. 천원술의 구체적인 절차와 현대 수학의 방정식을 세우는 방법은 기본적으로 동일하다.

첫 번째 절차는 '천원(天元)을 ○○라고 두자'이다. 여기서 ○○란 미지수를 가리키며 현대 대수학에서 '○○를 x라고 가정하자'라고 할 때 ○○와 같다. 두 번째 절차는 이미 알고 있는 조건에 따라 두 개의 서로 같은 다항식을 만드는 것이다. 마지막 세 번째는 두 개의 다항식을 서로 빼서 한 변이 영(0)인 하나의 방정식을 얻는 과정이다.

송(宋)대 이전 중국의 수학자는 이미 방정식을 세우는 방법을 알고 있었다. 다만 보편적인 방법이 없었기 때문에 모든 방정식을 문자로만 표기했다. 그래서 방정식 표기가 어려웠고 특히 고차방정식은 표기 자체가 매우 까다로웠다. 천원술은 간단하고 보편적인 표기법과 편리한 사용 방법, 구체적인 절차를 통해 고대 중국의 대수학을 한 단계 더 발전시켰다.

수학자 이야 이전의 천원술은 아직 초창기여서 기호가 혼란스럽고 복잡하여 계산하기 번거로웠다. 가령 이야는 동평(東平, 오늘날 산둥성 둥평현)에서 천원술을 설명한 수학책 한 권을 공부했는데, 통일된 부호를 이용하여 미지수의 차수(次數)를 나타내는 방법을 이해할 수 없었다. 그 책에서는 19개의 글자를 가지고 상, 하 차수를 구별했다. 그중 '사람 인(人)'은 상수(常數)를 나타내며, '人' 앞쪽의 9개의 글자

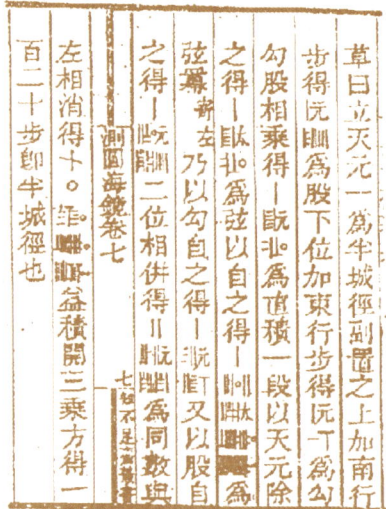

▶ 이야 《측원해경》 권7 제2번 문제의 계산 방법. 천원술을 이용해 문제를 풀었다.

▶ '사원술' 설명도. 사원술은 4개의 미지수를 갖는 방정식 그룹을 만드는 것이다.

'선(仙)', '명(明)', '소(霄)', '한(漢)', '루(壘)', '층(層)', '고(高)', '상(上)', '천(天)'은 각각 미지수의 플러스 차수(최고차가 9차)를 나타낸다. 또 '人' 뒤쪽의 9개의 글자 '지(地)', '하(下)', '저(低)', '감(減)', '락(落)', '서(逝)', '천(泉)', '암(暗)', '귀(鬼)'는 각각 미지수의 마이너스 차수(최고차가 −9차)를 나타낸다. 이를 보더라도 계산이 얼마나 복잡했을지 짐작하고도 남는다. 이런 복잡한 차수 표시 방식을 개량한 사람이 바로 이야였다.

이보다 조금 뒤인 원(元)대의 수학자 주세걸은 천원술을 토대로 하여 '사원술'을 발전시켰다. 그는 미지수를 2개, 3개, 4개로 늘려 미지수 개수가 4개인 고차연립방정식을 세우고 푸는 방법을 제시했다.

'사원술'의 내용은 '사원 표시법'과 '사원 소원법(消元法, 미지수의 차수를 줄이는 방법-역주)' 두 부분이다. '시원술'의 표시 방법은 그림과 같다. 그림 한가운데의 '태(太)'자는 상수항을 표시하고, '천(天)', '지(地)', '인(人)', '물(物)' 네 글자는 각각 '사원', 즉 네 개의 미지수를 뜻하며 오늘날의 x, y, z, u 등 대수학 기호와 같다. '천원(天元)'의 거듭제곱의 계수는 아래쪽에 표시하고 '지원(地元)'은 왼쪽에, '인원(人

元)'은 오른쪽에, '물원(物元)'은 위에 각각 표시한다. 각 미지수의 차수는 이들 미지수와 '태(太)'와의 위치 관계에 따라 결정되는데 '태'자로부터 멀면 차수도 높아진다.

사원 소원법은 현대 대수학의 다원(多元)고차 방정식의 차수를 줄이는 방식과 거의 일치한다. 즉 먼저 4원4차 방정식의 차수를 줄여서 3원3차 방정식으로 만들고 이어 2원2차 방정식, 1원1차 방정식으로 만들어간다. 마지막에 조립 제법을 이용하여 미지수의 값을 구한다. 한마디로 '사원술'이란 먼저 4개의 미지수를 갖는 방정식 그룹을 만드는 것이다. 그리고 3개의 미지수를 차례로 소거하여 마지막에는 1개의 1원고차 방정식을 만든다. 전체 계산 과정에 천원술, 사원술 등 당시로서는 최첨단 수학 계산법을 동원했다. 이는 실로 고대 중국 대수학의 최고의 성과가 아닐 수 없다. 또한 서양의 다원고차 방정식의 해법보다도 약 500년이나 앞서기 때문에 세계 수학사적으로도 매우 중요한 가치를 지닌다.

이번 장을 마치기 전에 진융(金庸, 1924~)의 무협 세계를 잠시 감상하도록 하자. 《사조영웅전(射雕英雄傳)》 제29회 '흑소은녀(黑沼隱女)'편에 여주인공 황용(黃蓉)이 '수학적 재능'을 유감없이 발휘하는 대목이 나온다.

황용이 구천인(裘千仞)의 철장(鐵掌)에 맞게 되자 남자 주인공 곽정(郭靖)은 그녀를 등에 업고 신산자 영고(神算子瑛姑)의 오두막으로 뛰어들어갔다. 다음은 그 이후 부분에 대한 묘사다.

곽정은 황용을 부축하여 들어갔다. 그때 방 안 벽에는 원(圓) 그림이 가득했고 바닥에는 가는 모래가 빼곡히 깔려 있었다. 모래 위에는 수많

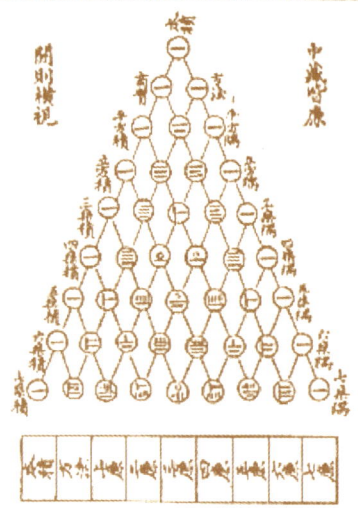 

: (왼쪽 그림) 주세걸 《사원옥감(四元玉鑑)》의 2항식 계수 전개도(係數展開圖). 북송(北宋, 960~1279)대의 수학자들은 이미 이런 수표(數表)의 구성 원리를 터득하여 고차방정식 해법에 응용했다. 양휘는 《상해구상산법(詳解九章算法)》에서 "개방작법본원도(開方作法本源圖)는 《석쇄산서(釋鎖算書)》에서 나왔고 가헌(賈憲)이 이 방법을 사용했다"라는 설명을 붙이고 있다. 서양에서는 통상 이를 '파스칼의 삼각형'이라고 부르며 프랑스의 수학자 파스칼(1623~1662)의 발명으로 생각한다. 하지만 1527년 아피아누스(Petrus Apianus)가 편찬한 상업용 수학책에 이미 '파스칼의 삼각형'이 기록되어 있다(오른쪽 그림). 이마저도 중국보다 약 600년이나 늦다!

은 직선 부호와 원이 그려져 있었고 또한 '태(太)', '천원', '지원', '인원', '물원' 등 글자가 쓰여 있었다. 이 모습을 본 곽정은 무슨 말을 해야 할지 몰랐다. 다만 발을 디뎠다가 모래 위의 부호를 밟아 망가뜨릴까 봐 감히 들어가지 못하고 문 앞에 서 있었다.

황용은 어려서부터 부친의 가르침을 받아 수학을 깨우쳤다. 바닥의 부호를 보자마자 어려운 수학 문제임을 알아차렸다. 그것은 '산경(算經)'의 천원술인데 매우 복잡하지만 방법을 알기만 하면 그다지 어렵지 않았다(이는 현대 대수학의 다원다차 방정식으로서 고대 중국의 산경에 그

해법이 실려 있다. 천, 지, 인, 물 네 글자는 서양 대수학에서 미지수를 나타내는 x, y, z, w이다). 황용은 허리춤에서 죽봉을 꺼내 곽정의 몸에 의지한 채 생각나는 바를 모래 위에 써 내려갔다. 그리고 모래 위에 쓰인 수학 문제 7~8개를 단숨에 다 풀어버렸다.

우리는 스릴 넘치고 스펙터클한 무협 소설에서 갑자기 필봉을 바꿔 중국 고전 수학을 그것도 원(元)대 수학의 진수인 '사원술'을 논하는 진융의 필력에 감탄하지 않을 수 없다. 하지만

• 긴 의자 위에는 등잔불 7개가 북두칠성 모양으로 놓여 있고 바닥에는 백발의 노파가 쭈그리고 앉아 수많은 대나무 조각을 뚫어져라 쳐다보고 있다. 노파는 깊은 생각에 잠겨서인지 누군가 들어오는 소리를 듣고도 고개조차 들지 않는다.

진융이 정말로 사원술의 해법을 알고 있었다면 황용이 '단숨에' 7~8개의 4원고차 방정식을 푸는 설정은 하지 않았을 것이다. 실제로 영고는 이를 한참 동안 멍하니 바라보다 자기도 모르게 "당신은 정말 사람이오?"라고 내뱉었다.

하지만 진융 선생은 그 뒤에 아주 '유치한' 실수를 범하고 말았다.

황용은 엷은 미소를 띠며 말했다. "천원술과 사원술이 뭐 별건가요? 산경에는 모두 19개의 미지수가 있는걸요. '인(人)' 위에는 선, 명, 소, 한, 루, 층, 고, 상, 천이 있고, '인' 아래에는 지, 하, 저, 감, 락, 서, 천, 암, 귀가 있지요. 미지수가 19개는 되어야 조금 어렵다고 할 수 있지 않겠어요?"

대수학을 공부한 사람이라면 미지수의 개수가 19개뿐일 리 없다

는 사실을 잘 알고 있다. 진융은 선, 명, 소, 한 등을 서로 다른 미지수로 착각한 것이다. 하지만 앞부분에서 천원술을 설명할 때 언급했듯이 이들은 미지수의 서로 다른 차수를 가리킬 뿐이다. 물론 황용이 그렇게 말했다는 것이지 진융 본인이 정말 몰랐는지는 알 수 없다!

제4장
동서양을 하나로 묶는 아라비아 수학

이슬람의 과학 문화는 성숙한 다른 문명의 지식을 흡수하고 이를 소화함으로써 탄생했다. 따라서 다른 문화권에서 유입된 서적의 '번역'이야말로 아라비아 과학의 진정한 출발점이라고 할 수 있다. 약 150년에 걸친 번역 사업을 통해 아랍인은 '흡수'와 '창조'의 시기를 맞이했다. 9세기부터 14세기까지 수많은 대(大)수학자가 탄생했다. 그들은 그리스와 인도 수학을 받아들였고 이를 기반으로 아라비아 수학을 창조하여 수학 발전에 크게 기여했다. 아라비아 숫자와 문명은 '영원한 황금 노끈'처럼 동서양을 튼튼하게 하나로 묶어주고 있다. 실크로드를 통한 상업 무역이 활발해지고 동양의 수학이 아라비아를 거쳐 유럽에 전래되면서 암흑세계였던 중세 유럽을 구원히였다.

동서양을 하나로 묶는
아라비아 수학

'백년 번역 운동'으로 일궈낸 아랍의 과학

아라비아 반도에 살았던 아랍인들은 서기 5세기까지도 유목, 부락 생활에 머물러 있었다. 7세기에 이르러 마호메트가 창시한 이슬람교에 감화된 아랍인들은 메디나(Medina)로 속속 모여들었고, 그들의 힘은 점점 강성해졌다. 서기 632년 아라비아 반도를 통일한 마호메트는 이어 연이은 원정을 통해 광대한 아랍 제국을 건설했다.

　이슬람의 과학 문화는 성숙한 다른 문명의 지식을 흡수하고 이를 소화함으로써 탄생했다. 따라서 다른 문화권에서 유입된 서적의 '번역'이야말로 아라비아 과학의 진정한 출발점이라고 할 수 있다. 아바스 왕조 초기(750~847)는 생산력 증대와 경제적 번영, 편리한 교통과 튼튼한 재정, 사회적 안정 등에 힘입은 전성기였다. 이러한 물질적, 사회적 기반 위에 문화와 학술이 크게 발전할 수 있었다. 또한 중국의 제지술이 전래되면서 서적의 저술과 필사, 문화의 전파가 더욱 편리해졌다. 이에 힘입어 번역 사업이 더욱 발전하였고 대대적인 '백년 번역 운동'이 전개됨으로써 아라비아 문화에 지대한 영향을 끼쳤다.

아랍 형성 초기에 큰 영향을 준 곳은 페르시아와 인도였다. 서기 760년대에 이미 인도의 한 사절단이 바그다드에 와서 인도 과학과 철학을 전수하였고, 범어로 된 인도의 천문학 및 수학 문헌을 아랍어로 번역하는 것을 도왔다. 그러나 그후 1세기 동안 번역 사업은 점차 그리스의 과학 저서에 집중되었다.

: 최초의 고등 학문기관인 '지혜의 궁'에서 과학자들이 과학 연구를 하고 있다.

서기 832년 바그다드의 지도자인 알 마문(Al-Ma'mun) 칼리프는 알렉산드리아를 모방하여 바그다드에 최초의 고등 학문기관으로 유명한 '지혜의 궁(바이트 알 히크마)'을 세우고 그 산하에 천문대와 도서관, 번역관을 두었다. 그는 수많은 학자와 전문가를 모아 고대 그리스의 서적을 전문적으로 수집, 정리, 번역, 연구하도록 명했다. 그 결과 그리스의 자연철학과 수학, 의학 등 거의 모든 문헌이 아랍어로 번역되었고 이를 세기로 아랍어는 당시 문명 및 과학 분야에서 국제 언어로 도약할 수 있었다.

각지에 분포하는 모든 이슬람 사원은 당연히 종교의 중심이었다. 동시에 학술과 연구의 전당이기도 했다. '마드라사(madrasah)'는 또 다른 종류의 학술기관, 즉 명망 있는 학자들이 제자를 모아 가르치는

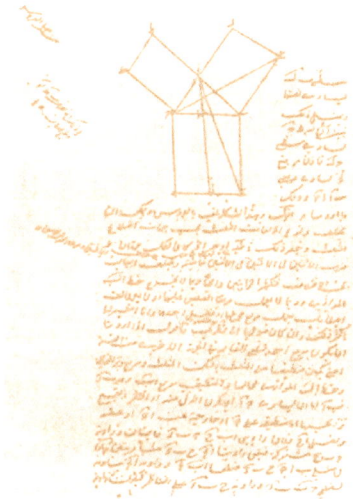

: (왼쪽) 유클리드 《기하학 원론》의 아랍어 번역본. (오른쪽) 프톨레마이오스 《프톨레마이오스 사전》의 아랍어 번역본. 아라비아의 천문학자들은 이 책을 '위대함의 극치'라고 높이 평가하여 《알마게스트(Almagest)》라고 이름 붙였다.

'학관(學館, 고대의 학교)'이었다. 세속의 과학은 이러한 고등 학문을 전수하는 기관에서 안식처를 찾아 뿌리내릴 수 있었다.

도서관은 사원과 학관에 부속된 경우가 많았고 전문 관리인이 있었으며 대중에게 개방되어 있었다. 가령 13세기 바그다드에는 30여 개의 학관이 있었는데 모두 자체 도서관을 보유하고 있었다. 10세기 경 카이로에도 또 다른 '지혜의 궁(다르 알 일름)'이 있었다. 이곳은 약 200만 권의 장서를 보유하고 있었고 그중 1만 8천 권 정도는 과학 서적이었다.

서기 1500년경 다마스쿠스에는 150여 개의 학관이 있었다. 현재의 이란인 페르시아의 마라가에 설치된 천문대 역시 도서관을 갖고 있었는데 고증에 의하면 장서가 약 40만 권에 달했다고 한다.

: (위) 울루그 베그(Ulugh Beg)에 위치한 학술 연구 기관 '마드라사', (아래) 마드라사 학자들의 조각상. 마드라사는 명망 있는 학자들이 제자들을 모아 가르치는 일종의 학교였다.

저명한 아랍의 의사 이븐 시나(Ibn Sina, 980~1037)는 자신의 저서에서 부하라(Bukhara) 성 왕실 도서관의 규모를 생동감 있게 묘사하고 있다.

나는 그곳에서 책을 가득 모아놓은 수많은 서고를 보았다. 책을 담은 상자가 한 층 또 한 층 수없이 쌓여 있었다. 한 방에는 아랍의 철학과 시가(詩歌) 서적만을, 또 다른 방에는 법률 서적만을 전문적으로 보관하고 있었다. 이처럼 각 분야별 과학 도서가 하나의 독립된 공간을 차지하고 있었다. 나는 고대 그리스 저지의 저서 목록을 읽어보고 필요한 도서를 찾아보았다. 이곳 장서 가운데 나는 극소수 사람만이 들어본 제목의 책을 발견했다. 나 자신은 그 책을 전에 본 적도 없었고 그 이후 다른 어느 곳에서도 본 적이 없었다.

바로 이러한 역사적 배경 속에서 아랍인은 독자적인 과학을 창조하기 시작했다.

방정식의 증명을 전 세계로 퍼뜨린 알 콰리즈미

약 150년에 걸친 번역 사업을 통해 아랍인은 '흡수'와 '창조'의 시기를 맞이했다. 9세기부터 14세기까지 수많은 대(大)수학자가 탄생했다. 그들은 그리스와 인도 수학을 받아들였고 이를 기반으로 아라비아 수학을 창조하여 수학 발전에 크게 기여했다.

아라비아에는 원래 '수를 세는 말'은 있었지만 '숫자'는 없었다. 이집트, 시리아 등을 정복한 뒤 처음에는 그리스 문자로 수를 표기하다가 나중에 인도 숫자를 받아들였다. 이를 다시 개량한 후 12세기경 유럽에 전파했다. 이런 이유로 유럽인은 이 숫자를 '아라비아 숫자'라고 부르게 되었다. 이들 숫자는 주로 알 콰리즈미(Al-khowarizmi, 780?~850)의 저서를 통해 유럽에 전래되었다.

알 콰리즈미는 아라비아 수학의 초기 역사를 대표하는 가장 대표적인 인물이다. 그는 중앙아시아의 고대 도시 메베(Meve)에서 수학한 뒤, 813년 이후 바그다드에서 재직하며 '지혜의 궁'을 대표하는 학자가 되었다. 오늘날의 '대수학(algebra)'이란 말은 알 콰리즈미의 수학 저서에서 유래했다. 그

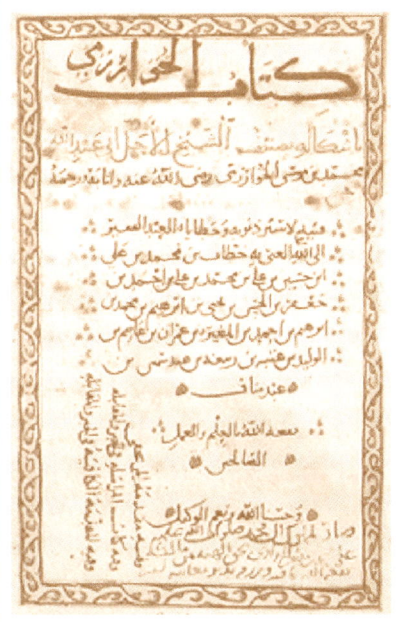

• (위) 구소련의 알 콰리즈미 탄생 1,200주년 기념우표, (아래) 알 콰리즈미의 《대수학》(830). 아랍어 진본과 라틴어 번역본은 옥스퍼드 대학교와 케임브리지 대학교에 각각 보존되어 있다.

가 아랍어로 쓴 수학 육필 원고가 라틴어로 번역된 뒤 '알 자브르 알 무카발라(Al-jabr w' al muqabala)'라는 제목이 붙여졌던 것이다. 여기에서 '알 자브르(Al-jabr)'의 의미는 '복원'으로서 방정식의 마이너스 항(項)을 이항하면 플러스 항이 된다는 뜻이다. 또 '상쇄'를 뜻하는 '알 무카발라(al muqabala)'는 방정식 양변의 동일한 항을 소거하거나 동류항을 하나로 묶는다는 의미다. 청대(淸代) 초기 서양의 수학이 중국에 전해졌을 당시 'algebra'는 음역되어 '아얼러바다[阿爾熱巴達]'로 불리기도 했으나 1859년 청대 수학자 이선란이 이를 '대수학'으로 명명했다.

알 콰리즈미의 《대수학》에서는 매우 간단한 문제를 이용하여 방정식 해법의 일반 원리를 설명하고 있다. 이 내용은 그의 책 서문에 잘 나타나 있다.

이 졸저에서 내가 선택한 소재는 수학에서 가장 쉽고도 가장 유용한 소재이며, 또한 사람들이 다음과 같은 일을 처리할 때 자주 필요로 하는 것들이다. 가령 유서 또는 유산 상속 문제에서, 재산을 따지고 심리하는 소송에서, 타인과의 모든 상업적 거래에서, 토지를 측량하고 운하를 건설하는 경우에, 기하학적 계산과 기타 각종 학과에서⋯⋯.

알 콰리즈미는 이러한 실용적 문제들을 1차 방정식 또는 2차 방정식의 해를 구하는 문제로 바꾸었다. 그는 미지의 값을 '동전', '물건' 또는 식물의 '뿌리'라고 불렀다. 오늘날 방정식을 풀어 미지수를 구하는 것을 '근을 구한다'라고 말하는데 이것은 바로 여기에서 유래했다.

알 콰리즈미는 《대수학》에서 6종류의 1차 또는 2차 방정식 문제를 체계적으로 논했다. 이들 방정식은 '근', '제곱', '수' 등 세 가지 값으로 구성된다. '근'은 미지수 x이고, '제곱'은 x^2이며, '수'는 상수항이다. 알 콰리즈미의 책은 오직 문자만을 사용하여 서술하고 있다. 예를 들면 이렇게 표현했다.

제곱은 근과 같다	$ax^2 = bx$
제곱은 수와 같다	$ax^2 = c$
근은 수와 같다	$ax = c$
제곱과 근의 합은 수와 같다	$ax^2 + bx = c$
제곱과 수의 합은 근과 같다	$ax^2 + c = bx$
근과 수의 합은 제곱과 같다	$bx + c = ax^2$

여기에서 오른쪽의 수식은 왼쪽에 대응하는 대수 방정식이며 a, b, c는 모두 정수다.

《대수학》에서 알 콰리즈미는 여러 방정식의 증명을 다루고 있다. 방정식 $x^2 + 10x = 39$에 대해 그는 두 가지 서로 다른 기하학적 증명법을 제시한다.

첫 번째 증명법은 다음과 같다. 먼저 길이가 x인 정사각형을 그린 뒤(그림 ①) 네 변의 바깥으로 넓이가 $\frac{5x}{2}$인 직사각형을 그린다(그림 ②). 그러면 전체

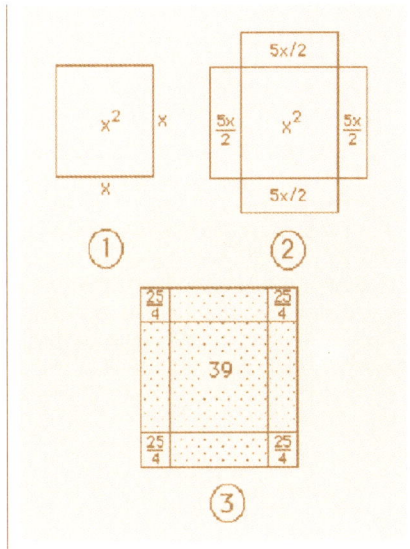

• 알 콰리즈미의 '완전제곱식 해법'

넓이는 'x^2+10x', 즉 39와 같다. 이어 (그림②)의 네 귀퉁이를 채워넣으면 한 변의 길이가 $(x+5)$인 큰 정사각형이 된다(그림③). 이 정사각형의 넓이는 $x^2+10x+25=39+25=64$이다. 따라서 한 변의 길이는 8이다. 원래 작은 정사각형의 한 변의 길이 $x=8-\frac{5}{2}-\frac{5}{2}$이므로 $x=3$이 된다. 이러한 방법은 현재 중학교에서 배우는 완전제곱식을 이용한 해법과 동일하다.

알 콰리즈미의 해설은 이처럼 상세하고 체계적이며 모든 문제에 대해 위의 절차를 충실히 따르고 있다. 따라서 독자들은 손쉽게 이 방법을 터득했고 또한 전 세계에 널리 퍼질 수 있었다.

그가 제시한 '$x^2+10x=39$', '$x^2+21=10x$', '$3x+4=x^2$' 등 예제는 후세에도 면면이 이어져 반복 인용되었다. 수학사(史) 학자 마레크 카르핀스키(Marek Karpinski)는 "이차방정식 $x^2+10x=39$'는 마치 황금 사슬처럼 수백 년의 대수학 역사를 이어왔다"고 평가했다. 바로 이런 의미에서 알 콰리즈미는 '대수학의 아버지'라고 불리게 되었다.

: 알 콰리즈미의 《인도 숫자에 대한 알 콰리즈미의 서(Algoritmi de numero indorum)》 라틴어 번역서 일부분. 바로 이 책으로 인해 인도의 숫자와 10진법이 아랍 세계, 나아가 유럽 세계에 전파될 수 있었다. 이 책의 첫머리는 'Dixit Algorizmi……(이른바 계산법이란……)'로 시작한다. 첫 글자 꾸미기를 적용한 알파벳 'D' 뒤에 'ixit'가 있고 이어 'Algorizmi'가 이어진다. 현대 수학의 '알고리즘(algorithm)'은 여기에서 유래했다.

삼각법이 천문학에서 벗어나다

아라비아 수학에서 중요한 위치를 차지하는 '삼각법'의 탄생과 발전은 천문학과 밀접한 관련이 있다. 아라비아인들이 계승한 수학 문헌 중 삼각법과 관련한 저서로는 인도의 천문학 명저 《역수서(曆數書)》(Kitab alZij, 아랍어 원서의 정확한 명칭에는 이견이 있다-역주), 프톨레마이오스의 《알마게스트》, 메넬라오스의 《구면학(Sphaerica)》이 있다. 이 세 문헌은 아라비아 삼각법의 발전에 튼튼한 기반이 되었다.

아라비아인들은 그리스 삼각법의 토대 위에 시컨트(secant), 코시컨트(cosecant) 등 새로운 삼각값을 도입했고 이들 상호간의 성질과 관계를 규명했다. 이를 통해 평면삼각형과 구면삼각형의 해법 전체를 밝혀냈고 일련의 삼각함수표도 만들었다. 이 과정에서 중요한 역할을 한 수학자는 알 바타니(al-Battani, 858?~929), 아부 알 와파(Abu al-Wafa, 940~998), 알 비루니(Al-Biruni, 973~1048), 나시르 알딘 알 투시(Nasir al-Din al Tusi, 1201~1274) 등이었다. 알 바타니의 가장 중요한

: (위) 테헤란 아밀카비르(Amirkabir) 과학기술대학교 수학대학 내에 위치한 알 콰리즈미 조각상. (아래) 알 콰리즈미의 고향 히바(Khiva, 현재 우즈베키스탄에 위치)에서 그를 기리기 위해 세운 조각상.

: 알 바타니. 858년경 하란(현재 터키 지방)에서 태어났다. 그는 중세 유럽에 가장 큰 영향을 끼친 천문학자 중 한 명이다. 코페르니쿠스와 케플러, 갈릴레이 등이 모두 알 바타니의 업적을 참고했다.

천문학 저서 《천문서》는 라틴어로 번역된 뒤 유럽에 널리 퍼졌다. 후에 《별의 운동에 관하여(De motu stellarum)》라는 이름으로 바뀌었다.

삼각법의 수많은 용어, 가령 '사인(sine)' 등은 알 바타니의 저서 《별의 운동에 관하여》의 라틴어 번역본에서 유래한다. 아부 알 와파는 현대적 의미의 삼각함수를 계산한 최초의 수학자였다. 알 비루니는 15분(分) 간격의 사인 함수표와 1도 간격의 탄젠트 함수표를 만들었다. 나시르 알딘 알 투시는 《사각형에 대하여》에서 기본 개념은 물론 모든 유형의 문제에 대한 해법까지 기술하여 체계적인 삼각법 이론을 수립했다. 이로써 삼각법은 천문학에서 벗어나 수학의 한 분야가 되었다. 이 저서는 유럽에서 삼각법이 발전하는 데

: (왼쪽) 알 비루니 탄생 1000주년 기념우표. (오른쪽) 테헤란의 한 공원에 있는 알 비루니의 조각상.

결정적인 영향을 미쳤다.

수학사 학자 수터(H. Suter)는 "만약 15세기 유럽의 삼각법 학자가 아라비아 수학자들의 연구 성과를 일찍 알았다면 과연 이 분야에 발을 들여놓을 수 있었을까!"라고 감탄해 마지않았다.

기하학과 대수학을 결합한 시인 수학자 오마르 하이얌

나무 그늘 아래 놓인 시집 한 권
포도주 한 병과 빵 한 조각
황야에서 당신 또한 내 곁에서 노래하니
오 황야여, 너도 천국이로구나.

이 산뜻한 4행시(루바이야트)에 나타난 '자연으로 돌아가고픈 정서'가 사람들의 마음 깊은 곳에 큰 울림을 전해준다. 이 작품의 저자가 바로 저명한 페르시아의 시인이자 수학자인 오마르 하이얌(Omar Khayyam, 1048~1131)이다.

그는 1048년 이란 북동부의 고대 도시 네이샤부르(또는 니샤푸르)에서 태어났다. 어려서는 집에서 교육을 받았고 나중에 가정교사가 되었다. 하이얌은 집안이 가난하여 과학 연구에 몰두할 시간이 별로 없었다. 그는 자신의 저서 《대수학》에서 "나는 대수학 연구에 집중할 수 없었다. 어려운 여건이 내 발목을 잡는다"라고 썼다. 하지만 그는 온갖 역경을 이겨내고 높은 가치를 인정받고 있는 《산술 문제(Problems of Arithmetic)》를 썼다. 1070년경 그는 사마르칸트(현재 우즈

: 오마르 하이얌 기념우표. 그중 가이아나(Guyana) 기념우표(가운데 아래)에 쓰인 시가 앞에 소개한 4행시다.

베키스탄 지방)에서 당시의 통치자 아부 타히르(Abu Tahir)의 보호 이래 대수학의 대표작인 《환원과 상쇄 문제의 논증(Treatise on Demonstration of Problems of Algebra and Almuqa-bala)》(약칭 《대수학》)을 집필했다. 얼마 후 그는 셀주크 왕국의 술탄 말리크 샤(Malik-Shah)의 초청으로 이스파한(현재 이란 남부)에서 천문대를 관리하고 역법을 개정했다. 이곳에서 머문 18년이 그의 일생에서 가장 평온한 시기였다.

하이얌은 《대수학》에서 다음과 같이 적고 있다.

인도인은 제곱근과 세제곱근을 구하는 방법을 알고 있었다. …(중략) 나는 그들의 방법이 정확하다는 사실을 내 책에 기록했다. 나는 한 걸음 더 나아가 제곱의 제곱, 제곱의 세제곱, 세제곱의 세제곱 등 고차 거듭제곱을 구할 수 있었다. 이들 대수학의 증명은 유클리드의 《기하학 원론)에 나오는 대수학 부분만을 근거로 했다.

1851년 웨프케(F. Woepcke)는 이 책을 아랍어에서 프랑스어로 번역하여 《오마르 하이얌 대수학(L'algèbre d'Omar Alkhayyāmī)》이라고 이름 붙였다. 이어 카지르(D. S. Kasir)의 영역 교정본 (1931)이 출간되었다.

하이얌은 3차 방정식의 대수적 해법을 연구했으나 성공하지 못했다. 그는 《대수학》에서 "상수항뿐 아니라 1차항, 2차항을 포함하는 방정식의 대수적 해법은 아마도 후대 사람에게 맡겨야 할 듯하다"라고 쓰고 있다. 3차, 4차 방정식의 일반적인 대수적 해법은 수백 년 뒤인 16세기에 이탈리아의 수학자가 발견했다. 그리고 5차 이상 방정식의 대수적 해결이 불가능하다는 사실은 19세기가 되어서야 증명되었다.

: 오마르 하이얌의 고향 네이샤부르에 위치한 무덤. 묘비의 돔 지붕이 마치 거대한 텐트처럼 생겼다. '하이얌'은 '천막을 만드는 사람(tent maker)'이란 뜻이다.

하이얌은 유클리드의 기하학을 발전시켰고 기하학과 대수학을 결합했다. 이는 실로 놀라운 업적이었다. 안타깝게도 1851년 웨프케의 번역서가 모습을 드러내기 전까지 유럽인은 그의 연구성과를 전혀 알지 못했다. 그렇지 않았다면 해석 기하학은 훨씬 더 일찍 발견되었

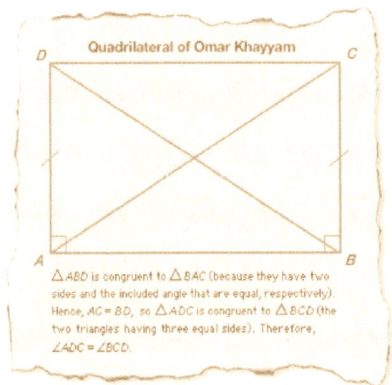

: 오마르 하이얌은 유클리드 기하학을 발전시켜 평행선 공준인 제5공준의 증명을 시도했다.

을지도 모를 일이다.

하이얌은 유클리드 기하학 연구 업적 가운데 크게 두 가지 분야에서 공헌했다. 첫째는 평행선 공준(제5공준)에 대한 증명을 시도한 것이고, 둘째는 비와 비례에 대한 새로운 견해를 제시한 것이다. 하이얌은 1077년 《유클리드 공준의 난제 설명(Explanation of the Difficulties in the Postulates of Euclid)》에서 두 가지 난제, 즉 평행선 공준과 비율의 문제를 논했다. 그는 사각형 ABCD에 대해 DA와 CB가 AB에 동시에 수직이고 DA=CB인 경우를 고찰했다. 이 경우 평행선 공준을 이용할 필요도 없이 아주 손쉽게 ∠C=∠D임을 증명할 수 있다. ∠C와 ∠D의 크기는 다음 세 가지 가능성이 존재한다.

(1) 직각 (2) 둔각 (3) 예각

만약 평행선 공준을 이용하면 ∠C와 ∠D가 직각임을 증명할 수 있다. 반대로 ∠C와 ∠D가 직각이라면 평행선 공준을 유도해낼 수 있다.

하이얌은 반증법을 써서 둔각과 예각을 가정했을 때는 모순이 되므로 직각인 경우에만 성립함을 '증명'해냈다. 이는 틀림없이 평행선 공준을 증명한 것이다. 하지만 그의 공준에는 결함이 있었다. 그는 평행선 공준을 대체하기 위해 '두 직선이 점점 더 가까워지면 분명히 서로 만난다'라는 가설을 이용한 것이다. 이 가설은 사실상 제5공준과 같은 의미다. 따라서 그는 평행선 공준 문제를 해결하지 못한 셈이다.

하이얌은 과학적 업적이 아닌 자신이 쓴 유명한 시집으로 더 큰 명성을 얻었다. 1859년 에드워드 피츠제럴드(Edward J. Fitzgerald)는 하이얌이 남긴 시를 페르시아어에서 영어로 번역하여 《루바이야트(Rubaiyat, 페르시아어로 '4행시'라는 뜻)란 제목으로 출간했다. 그의 4행시는 이로써 세계 문학사에서 큰 주목을 받았다.

이 위대한 시인이자 수학자를 기리는 뜻에서 이번 절의 끝도 그의 시로 마무리 짓는다.

영화 〈키퍼(The Keeper)〉는 11세기 페르시아의 시인이자 수학자, 천문학자였던 오마르 하이얌의 일생을 그리고 있다. 이 영화는 이란의 한 이민(移民) 어린이가 형과 할아버지의 입을 빌려 역사를 이야기하는 픽션이다. 관객에게 오마르 하이얌이 누구인지 알려주면서 한편으로 자신의 가족사를 찾아간다.

　　오, 사람들은 이제 얘기하지 않네, 나의 계산을

　　세월을 다시 배열하면 역법이 더 완벽해질까?

　　오, 아니야. 다만 역서(曆書)에서 사라질 뿐이지

　　다가올 내일 그리고 이미 죽은 어제여.

산술은 모든 문제 해결의 열쇠

14세기말 중앙아시아에 티무르 제국이 탄생했다. 이 제국을 건설한 티무르는 원래 몽골 칭기즈 칸의 후예이며 그의 손자 울루그 베그

: 이란에서 발행한 알 카시 기념우표. 알 카시는 아라비아 세계의 마지막 천문학자이자 수학자였다.

(Ulugh Beg)는 천문학에 정통한 과학자로 사마르칸트에 거대한 천문대를 설치하고 수많은 과학자를 불러모아 연구하게 했다. 그래서 사마르칸트는 동양 최고의 과학연구 중심지로 성장했다.

알 카시(Jamshid al-Kashi, 1380~1429)의 생애는 울루그 베그와 뗄 수 없는 인연을 맺고 있다. 울루그 베그는 알 카시의 탁월한 수학 재능과 조직능력을 높이 평가하여 그를 천문대 대장으로 임명했다.

《산술의 열쇠(The Key to Arithmetic)》는 알 카시의 대표적인 수학 저서다. 이 책은 당시의 수학 지식 거의 전부를 망라한, 그야말로 '초등 수학 백과사전'이라 할 만하다.

책 이름 자체가 산술을 '모든 문제 해결의 열쇠'로 보는 저자의 인식을 보여준다. 《산술의 열쇠》는 총 5권이며 각각의 내용은 다음과 같다.

제1권. 정수의 연산
제2권. 분수의 연산
제3권. 천문학자의 계산법
제4권. 평면과 입체도형의 측정
제5권. 대수적 방법과 이중 가설을 이용한 문제 해결

: (왼쪽) 울루그 베그 천문대에서 창공을 바라보는 알 카시. (오른쪽) 알 카시가 수학을 가르치는 모습.

    이 책은 내용이 명확하고 문제 계산이 정확하여 독자의 사랑을 받았다. 그리고 수백 년간 교재로 사용되면서 널리 암송되었다. 책의 내용 가운데 상당 부분은 중국 수학과 매우 흡사했다. 따라서 중국의 영향을 받았는지 여부에 대해 좀 더 면밀한 연구가 필요하다.

    알 카시는 자신의 저서 《원에 대한 논문》(1424)에서 π값을 자세하게 계산하고 있다. 그는 원에 내접하는 3×2^{28}각형의 길이를 계산한 뒤 다음과 같은 28중근식을 얻었다.

$$a_{28} = \sqrt{2 - \sqrt{2 + \sqrt{2 + \cdots + \sqrt{2 + \sqrt{3}}}}}$$
=(28중근식)

    그는 동일한 방법으로 원에 외접하는 정3×2^{28}각형의 둘레의 길이를 구한 뒤, 이 둘의 산술평균값을 취하여 원주율을 구했다. 알 카시가 얻은 원주율은 $\pi = 3.141\ 592\ 653\ 589\ 793\ 2$로서 소수점 아래 16

자리까지 정확하다. 또한 중국의 조충지가 천 년 가까이 지켜오던 소수점 아래 7자리의 기록이 드디어 깨지는 순간이었다.

알 카시는 중세 아라비아 세계의 마지막 천문학자이자 수학자였다. 그의 사후 아라비아의 과학은 점점 쇠락했다.

그러나 아라비아 숫자와 문명은 '영원한 황금 노끈'처럼 동서양을 튼튼하게 하나로 묶어주고 있다. 실크로드를 통한 상업 무역이 활발해지고 동양의 수학이 아라비아를 거쳐 유럽에 전래되면서 암흑세계였던 중세 유럽을 구원하였다.

제5장
유럽 수학의 르네상스

14세기가 되자 서유럽은 정치, 경제, 문화 등 각 분야의 발전에 힘입어 강력한 세력으로 성장했다. 유럽 문명은 드디어 오랜 시간의 어둠을 뚫고 나와 다시 한 번 찬란한 햇빛을 보게 되었다. 중세 유럽에서 수학을 장려한 직접적인 동기는 현실 생활의 필요성과 경제 발전을 추진하기 위해서였다. 상업과 무역이 활발해지면서 사람들은 계산 기술에 능숙해져야 했지만, 고대 로마의 기수법과 산술법은 여기에 적합하지 않았다. 인도-아라비아 숫자가 무역을 통해 유럽에 전래되면서 유럽의 수학은 르네상스를 맞게 된다.

유럽 수학의
르네상스

중세 암흑기를 벗어나다

6세기부터 11세기까지 400~500년간 서양 세계는 콘스탄티노플과 메카의 영향을 받았다. 아라비아의 한 지리학자는 서양인들에 대해 다음과 같이 묘사하기도 했다.

> 그들은 체격이 우람하고 성격이 거칠었다. 행동은 난폭했고 지능은 떨어졌다. …(중략) 가장 북쪽에 사는 사람들은 특히 멍청하고 거칠고 야만적이었다.

이 글은 《서양 문명의 역사》(로버트 E. 러너 등 공저) 제1권에 나오는 묘사인데 중세기 초반 서유럽 문명을 사실적으로 보여준다. 하지만 14세기가 되자 서유럽은 정치, 경제, 문화 등 각 분야의 발전에 힘입어 강력한 세력으로 성장했다. 역사학자들은 1050~1300년경의

: 교회 학교의 지식 구조를 풍자적으로 보여주는 그림. 지혜의 여신 아테나가 한손에 알파벳이 적힌 판을 들고 아이들을 '학술의 탑'으로 인도하고 또 다른 한손에 열쇠를 들고 '학술의 탑' 문을 열고 있다. '학술의 탑' 가장 아래층은 기초 과목을 가르친다. 위의 1층 세 창문에는 각각 '논리학', '수사', '문법'이라고 쓰여 있다. 2층의 세 창문에는 '음악', '기하', '천문'이라고 적혀 있는데 이를 대표하는 세 인물은 각각 피타고라스, 유클리드, 프톨레마이오스이다. 학술의 탑 꼭대기에 대주교로 보이는 사람이 앉아 있는데 그의 양쪽에는 '신학', '형이상학'이라고 쓰여 있다.

이 시기를 중세 융성기라고 부른다. 서유럽이 최초로 낙후된 상태에서 벗어나 국제무대에 강력한 세력으로 도약한 시기이기 때문이다.

농업과 경제가 발전하면서 무역과 제조업이 호황을 누렸고 뒤이어 도시가 빠르게 성장했다. 신흥도시의 시민은 새로운 삶을 누렸고 문화 사업이 다시 활기를 띠며 번성했다. 유럽 문명은 드디어 오랜 시간의 어둠을 뚫고 나와 다시 한 번 찬란한 햇빛을 보게 되었다.

중세 최전성기 때는 지식 면에서 서로 연관되면서도 서로 다른 네 가지 중요한 성과를 거두었다.

첫째, 기초 교육과 문맹 퇴치, 둘째, 대학의 출현과 발전, 셋째, 고대 그리스와 이슬람의 지식 습득, 넷째, 서양인의 사상적 진보다. 이중 어느 하나도 서양 학술사에서 중요한 의미를 갖지 않는 것이 없다. 그리고 이 네 가지 성과에 힘입어 서양은 지식 면에서 전 세계 다른 지역보다 앞설 수 있었다.

교회는 기독교 교리를 전파하기 위해 많은 학교를 세웠다. 커리큘럼 가운데 수학의 비중은 낮았지만 중요도는 매우 높았다. 교회가 세운 학교의 커리큘럼은 일반적으로 '4과(科) 3문(文)'으로 나뉜다.

4과는 산술(순수 수의 과학), 음악(수의 응용), 기하(길이, 넓이, 부피와 기타 양의 학문), 천문(움직이는 양量에 관한 학문)이며 3문은 수사, 논리, 문법이다.

우리는 수학을 소홀히 여겨서는 안 된다. 《성경》의 많은 장(章)에서 수학을 만날 수 있다. 그것은 정교한 해석자에게 큰 도움을 준다. 만약 수학에 훌륭한 이치가 없다면 그들은 수학으로 하느님을 찬양하지 않았으리라. 하느님께서는 바로 숫자와 크기, 무게를 가지고 세상만물을 만드셨다.

이 글은 신학자 성 아우구스티누스(Aurelius Augustinus, 354~430)의 《신국(神國, De Civitate Dei)》에 나오는 구절로 기독교가 결코 수학을 배척하지 않았음을 보여준다. 원래 교회의 성직자들은 이치를 따져 신학을 받들고 이단을 배척하는 것이 일반적이었다. 그러므로 교회는 '신학의 교리를 가르치는 가장 이상적인 학문'으로서 수학을 크게 장려했다. 게다가 수학은 역법을 편찬하고 각종 기념일을 알리는 등 활용 가치가 높았다. 그래서 모든 수도원은 역법 계산에 정통한 사람을 최소한 한 명씩은 두었다.

수학이 중세에도 생명력을 유지할 수 있었던 또 다른 중요한 원인은 바로 '점성술'이었다. 특히 중세 후반기 모든 왕궁에는 점성술사가 있었다. 그들은 왕과 왕족, 신하 등을 도와 정책 결정의 참모 역할은 물론 군사 정벌과 개인적인 일에도 관여했다. 사회적인 수요가 늘면서 대학들도 점성술을 가르쳤다. 점성술은 천문학은 물론 수학적 지식도 필요하다. 그래서 점차 수학의 한 분야로 인식되었다.

수학은 무엇보다 천국을 무조건 신봉하고 내세를 동경하는 문명

: 산수판을 손에 들고 가운데 앉아 있는 수학의 여신. 마치 '4과 3문' 가운데 수학이 으뜸임을 보여주는 듯하다.

속에서 성장할 수 없었다. 수학이 발전하려면 자유로운 학술 분위기가 필수적이기 때문이다. 반면 중세 유럽에서 수학을 장려한 직접적인 동기는 현실 생활의 필요성과 경제 발전을 추진하기 위해서였다.

서기 1100년경에 새로운 변화가 나타났다. 유럽인은 무역과 전쟁을 통해 아라비아인과 직접 접촉하기 시작하면서 이슬람 세계에 보관되어 있던 그리스의 문헌을 새롭게 바라보기 시작했다. 왕과 귀족, 교회의 수장들은 앞 다퉈 학자들에게 이들 학술적인 '보물'을 발견하라고 독려했다. 그리스 문헌이 부활하면서 유럽인은 유클리드와 아르키메데스, 아폴로니우스를 알게 되었다.

심지어 아라비아의 수학자 알 콰리즈미의 저서도 유럽에 소개되었다. 이처럼 학술의 부흥이 때마침 유럽 경제의 번영 및 수학의 필요성과 맞물리면서 유럽인들은 계산 기술과 부호대수 등 새로운 수학 영역에서 나름대로 기여하게 되었다.

애덜라드(Adelard, 12세기 초)는 영국의 수학자이자 천문학자다. 배스(Bath)에서 태어나 어린 시절 톨레도(Toledo), 투르(Tours) 등에서 공부했고 나중에 수도사가 되었다.

그는 시칠리아와 팔레스타인 등 많은 곳을 돌아다녔는데 특히 아라비아 문화에 일찍 눈을 떠 그들의 지식에 큰 흥미를 갖고 있었다. 아라비아인들이 통제하는 지역에서 자유롭게 활동하기 위해 무슬림으로 위장하여 도서 자료를 입수하기도 했다. 애덜라드는 아라비아 문헌을 가장 먼저 라틴어로 번역한 저명한 번역가로도 꼽힌다. 그는 아랍어로 된 유클리드의 《기하학 원론》을 재번역했고, 알 콰리즈미와 타빗 이븐 쿠라의 저서를 번역하는 등 그리스 및 아라비아 수학의 유럽 전파에 크게 기여했다.

: 13세기의 그림 〈기하학 과목〉. 한 여성이 한손에 둥근 컴퍼스를, 또 다른 손에 직각자를 들고 있고 학생들은 그녀를 바라보고 있다. 중세 시대에 여성이 교사가 되는 일은 극히 드물었다. 특히 이들 학생이 수도사로 양성되는 경우는 더욱 그랬다. 이 그림이 완성된 시기는 애덜라드가 《기하학 원론》을 번역한 이후로서 중세시대 기하학의 영향력을 잘 보여준다.

대자연의 규칙이 담겨 있는 피보나치 수열

이탈리아는 특수한 지정학적 위치 때문에 예로부터 동서양 문화 교류의 중간 경유지였다. 상업과 무역이 활발해지면서 사람들은 계산 기술에 능숙해져야 했지만, 고대 로마의 기수법과 산술법은 여기에 적합하지 않았다. 인도-아라비아 숫자가 무역을 통해 유럽에 전래되면서 유럽의 수학은 르네상스를 맞게 된다.

레오나르도 피보나치(Leonardo Fibonacci, 1170?~1250)는 피사에서 태어났다. 그의 아버지는 상인 출신으로 세관 총독을 역임했다.

어린 시절에 그는 아버지를 따라 북아프리카로 가서 이슬람 학교에서 공부했다. 나중에 지중해 연안을 여행하면서 각국의 수학에 관

: 피사에 있는 피보나치의 조각상. 그는 유클리드 기하학을 인도 수학에 접목하여 《산술서》를 저술했으며 이 책에서 '피보나치 수열'을 소개했다.

심을 가졌다. 그는 여러 수학을 관찰하고 비교한 결과, 아라비아 수학과 산술법이 우수하다는 결론을 내리고 1202년 《산술서(Liber Abaci)》를 저술했다. 이 외에도 《기하학 연습(Practica Geometriae)》(1220), 《제곱수에 관한 책(Liber Quadratorum)》(1225), 《수론(Flos)》(1225) 등의 책을 썼다. 피보나치는 총 15장으로 구성된 《산술서》 서문에 다음과 같이 썼다.

나는 이미 알고 있던 방법과 유클리드 기하학의 기법을 인도의 수학에 접목하여 지금 15장으로 된 책을 쓰기로 했다. 이 책을 읽으면 더 이상 이들 수학이 생소하게 느껴지지 않을 것이다.

《산술서》는 먼저 인도-아라비아 숫자와 기수법을 소개했다. 그리고 정수와 분수, 대수와 1차 합동식(合同式, congruence)을 상세하게 설명했다.

《산술서》에는 '피보나치의 토끼'라고 불리는 재미있는 문제가 있다.

어미 토끼가 매월 새끼 두 마리를 낳는다고 가정하자. 새끼 토끼는 태어난 지 2개월이 지나면 다 자라 다시 새끼를 낳을 수 있다. 토끼 한 쌍이 새끼를 낳기 시작하여 1년 뒤에는 몇 마리로 늘어나겠는가?

이 문제가 바로 그 유명한 '피보나치의 수열' 1, 1, 2, 3, 5, 8, 13, 21, 34, …… 이다. 이 수열의 특징은 세 번째 항부터 '앞의 연이은 두 항의 합이 다음 항과 같다'는 점이다. 예를 들어 1+1=2, 2+3=5, 3+5=8, 13+21=34 등이다. 이 수열은 겉보기에 별로 대수롭지 않아 보이지만 실제로는 매우 심오한 수학 지식이 담겨 있다. 특히 피보나치의 수열은 대자연의 규칙과 밀접한 관련이 있음에 주목해야 한다.

피보나치 수열은 일반적으로 꽃잎의 개수와 일치한다.

3 ……… 백합, 붓꽃
5 ……… 공작화, 비연초
8 ……… 델피니움
13 ……… 금잔화
21 ……… 개미취(자원)
34, 55, 89 ……… 데이지

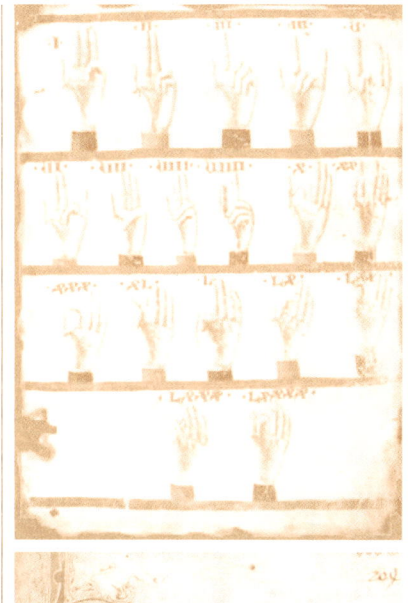

: (위)《산술서》에 소개된 '산술법'. (아래)《산술서》에 소개된 아라비아 숫자.

연이은 피보나치 수열의 비율은 0.618 034에 점점 가까워진다. 가령

34÷55=0.618 182,

55÷89=0.617 978,

89÷144=0.618 056…… 등이다. 이 비율이 유명한 '황금분할

(golden section)'이다.

소수의 표기법을 창안한 스테빈

1642년, 콜럼버스가 신대륙을 발견한 이후 유럽의 해외 무역은 더욱 활기를 띠었다. 그런데 먼 바다로 항해를 나가려면 정밀한 계산이 필요했고, 상업 무역이 발전하려면 더 빠르고 간편한 수학이 필수적이었다. 그러나 기존의 산술법은 더 이상 경제 발전을 따라가지 못했다. 따라서 학자들은 복잡한 계산 방법을 개량할 방법을 찾기 위해 고심했다.

네덜란드의 시몬 스테빈(Simon Stevin, 1548~1620)이 그중 한 사람이다.

당시 에스파냐의 통치 하에 있던 네덜란드는 식민 지배를 벗어나기 위해 40년에 걸친 독립전쟁을 벌이고 있었다. 스테빈은 네덜란드 독립군의 회계 책임자로 활동했다. 당시 주로 사용되던 이자는 $\frac{1}{10}$, $\frac{1}{11}$, $\frac{1}{12}$에서 $\frac{1}{20}$까지였는데 매번 계산할 때마다 다른 이자를 적용하여 계산이 매우 복잡했다. 스테빈은 이를 위해 이자표를

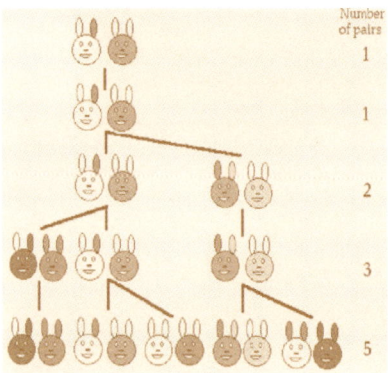

: 《산술서》에 소개된 피보나치의 '토끼' 문제를 설명한 그림.

: 꽃잎 수에 나타난 피보나치 수열.

만들어 회계 업무를 크게 간소화했다.

"이자표가 생겨서 계산은 많이 편해졌다. 하지만 아주 큰 수를 이리 곱하고 저리 나누는 건 정말 골치 아프다. 도대체 어디가 문제란 말인가?"

스테빈은 고심을 거듭한 끝에 이자가 $\frac{1}{10}$일 때 계산이 상대적으로 쉬워진다는 사실을 알아냈다. 그래서 이자의 분모를 10, 100 또는 1000으로 통일하기로 했다. 1584년 스테빈은 이자가 $\frac{1}{10}$에서 $\frac{5}{100}$인 이자표를 제작하여 출판했다.

• '계산 대회'. 신식으로 차려입은 보에티우스(Boetius)가 아라비아 숫자를 이용하여 계산하고 있다. 구식 옷차림을 한 피타고라스는 고대 로마 주판을 사용하고 있다. 신식 아라비아 계산법의 승리는 분명해 보인다.

그는 더 나아가 10진 분수를 토대로 10진 소수의 표기법을 창안했다. 그는 ① ② ③ ④ ⑤ 를 숫자의 위쪽 또는 오른쪽에 쓰고 정수의 뒷부분을 표시했다. 예를 들어,

$$\frac{259\ 712}{1\ 000\ 000} \rightarrow \begin{matrix} ① & ② & ③ & ④ & ⑤ & ⑥ \\ 2 & 5 & 9 & 7 & 1 & 2 \end{matrix}$$

또는

$$941\frac{304}{1\ 000} \rightarrow 941⊙3①0②4③$$

로 표기했다.

이런 표시 방식은 두 수의 크기를 쉽게 비교할 수 있고 분수보다 계산하기 편리하다는 장점이 있다.

1585년 스테빈은 《10분의 1에 관하여(La Disme)》를 저술했다. 분량

• 시몬 스테빈과 그의 저서 《10분의 1에 관하여》. 표제는 '10진법의 예술 또는 10진산술, 분수를 쓰지 않고 정수에 대해 가감승제(加減乘除)하는 연산' 이다. 그는 서언 첫머리에서 "천문학자와 토지측량사, 화폐 제조업자와 모든 상인을 위해 만들었다"고 적었다.

은 겨우 6쪽에 불과하지만 당시 소수와 소수의 계산을 소개한 최초의 책이었다. 스테빈의 부호는 오늘날의 관점으로는 조금 거추장스러워 보일지도 모른다. 어쨌든 이 방법은 곧 널리 받아들여졌다.

스테빈은 책의 마지막 부분에서 도량형과 화폐에도 10진법을 응용하자고 제안했다. 이들 모두는 서양 세계에 크나큰 영향을 미쳤다.

수학 계산의 진정한 혁명, 로그의 발명

다양한 지식 분야에서 수치의 계산은 매우 중요하다. 가령 천문학과 항해학, 상업 무역, 프로젝트, 군대에 이르기까지 계산의 속도와 정확성에 대한 요구는 점점 높아졌다. 수학 역사에서 다음 네 가지 중요한 발명이 있었기에 그런 욕구를 충족시킬 수 있었다. 그것은 인도-아라비아 숫자, 10진법 소수, 로그 그리고 계산기다. 그중에서 지금 살펴볼 내용은 세 번째, 즉 17세기 초반 존 네이피어(John Napier, 1550~1617)가 완성한 '로그(logarithm)'의 발명이다.

다음 두 수열을 주목해보자.

0 1 2 3 4 5 6 7 8 9 10 ……

1 2 4 8 16 32 64 128 256 512 1024 ……

가령 16×64를 계산할 경우를 생각해보자. 16×64=$2^4 \times 2^6$이므로 첫째 수열에서 이 지수에 상응하는 수 4와 6을 찾아 더하면, 즉 4+6=10이 되고 10에 상응하는 숫자를 아래 수열에서 찾으면 1,024가 된다. 1,024가 바로 우리가 계산하려는 두 수의 곱이다. 반대로 나눗셈의 경우 '더하기'를 '빼기'로 바꾸기만 하면 된다. 이처럼 '곱

〈산술의 알레고리(Allegory of Arithmetics)〉. 프랑스 화가 로랑 드 라 이르(Laurent de la Hyre)의 1650년 작품. 그림 속 여성이 아라비아 숫자로 사칙연산을 하고 있다. 계산판의 맨 위에 '피타고라스(Pythagoras)'라고 쓰여 있다. 볼티모어의 월터 예술박물관 소장.

로그를 발명한 존 네이피어. 네이피어는 스코틀랜드의 한 귀족 집안에서 태어났다. 어려서부터 뛰어난 재능과 풍부한 상상력으로 주목받았다. 그는 앞으로 많은 강력한 군사 기계가 나타날 것이라고 예언했으며 실제로 설계도를 그리기도 했다. 그가 설계한 일종의 총포는 반경 몇 킬로미터 안에 있는 1피트(약 30센티미터) 이상인 동물 모두를 없앨 수 있었다. 또 물속을 항해하는 기계도 있었고 '입을 열면' 전방에 있는 모든 것을 파괴할 수 있는 전차도 구상했다. 그의 이런 상상력은 제1차 세계대전 때 기관총과 잠수정, 탱크 등으로 구현되었다. 하지만 그가 수학 계산에 일으킨 진정한 혁명은 다름 아닌 로그의 발명이었다.

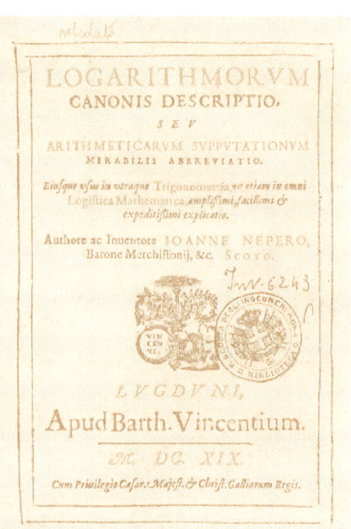

: 네이피어의 로그표는 그의 저서 《놀라운 로그법칙》(1614)에 최초로 등장한다. 이 책에는 로그표 사용법이 간략하게 소개되어 있을 뿐이다. 네이피어가 세상을 떠난 2년 후 로그에 관한 두 번째 저작 《놀라운 로그법칙의 구조》(1619)가 출판되었다(오른쪽). 이 책에는 로그표를 작성하는 데 어떤 이론이 사용되었는지 설명하고 있다.

셈과 나눗셈'을 '덧셈과 뺄셈'으로 바꾸는 방법이 바로 네이피어 로그의 핵심이다.

아래의 로그 공식은 고등학생이라면 잘 아는 내용이다.

$\log AB = \log A + \log B$

$\log \dfrac{A}{B} = \log A - \log B$

라플라스가 말했듯이 이처럼 간단한 로그의 성질이 당시에는 '계산의 수고를 덜어주어 천문학자의 수명을 늘려주었다'는 사실을 어렵지 않게 짐작할 수 있다. 따라서 로그는 발명된 지 채 한 세기가 되지 않아 전 세계로 퍼져나갔으며 계산에 없어서는 안 될 중요한 도구가 되었다. 갈릴레이는 심지어 "나에게 공간과 시간 그리고 로그를

: 1200 눈금 자연로그 계산자(위)와 계산자를 발명한 윌리엄 오트레드(아래). 계산자는 1620~1630년경에 발명되었다. 1950~1960년대 계산자는 마치 현미경이 의학계의 트레이드 마크인 것처럼 엔지니어들의 신분의 상징이었다.

달라. 그러면 또 다른 우주를 만들어 보이겠다"라고 말하기도 했다.

네이피어의 로그 개념이 발표된 얼마 후 옥스퍼드 대학교의 군터(Edmund Gunter, 1581~1626)가 하나의 로그 눈금을 사용한 계산 도구를 발명했는데, 이를 또 다른 측량도구와 함께 사용하면 곱셈과 나눗셈을 할 수 있었다. 그후 1630년 케임브리지 대학교의 윌리엄 오트레드(William Oughtred, 1574~1660)가 원형 계산자를 발명했다. 1632년 그는 두 개의 군터 계산자를 조합하고 손으로 합하여 오늘날의 계산자로 볼 수 있는 설비를 만들었다. 그와 동시대를 살았던 뉴턴과 마찬가지로 오트레드 역시 자신의 생각을 개인적으로 학생들에게 전수했을 뿐 발표하지 않았다. 그래서 누가 먼저 발명했는지를 놓고 한

때 그의 제자였던 델라메인(Richard Delamain)과 분쟁에 휘말렸다. 오트레드의 아이디어는 그의 제자인 윌리엄 포스터(William Forster)가 1632년과 1653년에 발표한 출판물에서 공개되었다.

가죽 통에 넣어 몸에 걸고 다니는 로그 계산용 자는 과거, 대학교 캠퍼스에서 공학을 배우는 학생의 트레이드 마크였다. 하지만 오늘날 포켓용 계산기가 보급되면서 이제는 박물관에서나 찾아볼 수 있게 되었다. 그렇지만 로그의 위력은 결코 약해지지 않았다. 로그함수와 지수함수의 관계는 해석학의 핵심 내용이기 때문이다. 따라서 지금도 로그는 수학 교육에서 매우 중요한 위치를 차지한다.

일반적으로 지수 덕분에 로그가 보편화되었다고 생각한다. 가령 $n=b^x$에서 x는 'b를 밑으로 하는 n의 로그'이다. 하지만 네이피어가 로그의 개념을 생각해냈을 때 지수의 개념은 아직 없었다. 로그가 지수보다 앞서서 발명되었다는 사실이 흥미롭다.

문자를 사용하여 수를 표현하는 기호대수학의 발전

수학의 부호가 수학 발전에 얼마나 기여했는지는 새삼 논할 필요가 없다. 물론 각각의 수학 부호가 어떻게 탄생했는지 역사적으로 상세히 고증할 수는 없다. 하지만 중요한 몇몇 부호는 여전히 역사 속에 살아 숨 쉬고 있다.

15세기에 최초로 사용된 덧셈과 뺄셈 부호는 p(plus)와 m(minus)이다. 독일 상인들은 '+'와 '−' 기호를 이용하여 무게의 증가와 부족을 표현했다. 얼마 뒤에 수학자는 이들 기호를 받아들였으며, 1481년 이후부터 책에 사용하기 시작했다. 곱하기 기호 '×'를 발명한 사람은 수학자 오트레드다. 하지만 알파벳 '엑스(x)'와 혼동된다는 이유로 쉽게 받아들여지지 않았다. 등호 '='는 레코드(Robert Recorde, 1510~1558)가 창안했다. 길이가 서로 같은 두 평행선은 '같다'는 의미를 표현하는 데 더없이 안성맞춤이었다.

미지수 대신에 문자를 사용하는 방법은 디오판토스 시대에 이미 사용되었지만 하나의 통일된 표기법은 없었다. 16세기에 라딕스(radix, 라틴어로 '뿌리'라는 뜻), 레스(res, 라틴어로 '물건'), 코사(cosa, 이탈리아어로 '물건'), 코스(coss, 독일어로 '물건') 등이 미지수를 나타내는 데 쓰이기도 했다. 기호대수학에 변혁을 일으킨 사람은 프랑스의 수학자 비에트다.

프랑수아 비에트(François Viète, 1540~1603)는 원래 고등법원의 판사였으나 모든 여가 시간을 수학 연구에 쏟아부었다. 비에트는 동시대의 수학자 카르다노와 타르탈리아, 스테빈과 디오판토스 등의 저서에 심취하였고 나중에 문자를 이용하여 수를 표현하

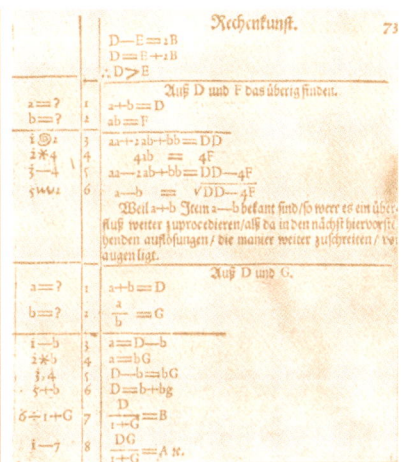

: '÷'이 나눗셈 기호로 처음 등장(그림의 왼쪽 칸 밑에서 두 번째)한 책은 스위스의 수학자 요한나 란(Johann Rahn, 1622~1676)의 저서 《대수학》(1659)이다.

: 기호대수학에 변혁을 일으킨 수학자 비에트. 최초로 문자를 사용한 방정식 이론을 발전시켰다.

는 방법을 고안했다.

비에트는 문자를 이용하여 미지수와 미지수의 거듭제곱을 나타냈고 나아가 이미 알고 있는 값도 문자로 표현했다. 그는 기호대수학을 '유형(類型)의 계산술'이라고 불렀다. 계산술은 수가 없으면 존재할 수 없는 학문이다. 이로써 대수학은 구체적인 수의 속박에서 벗어나 추상화되었다. 즉, 일반적인 부호의 형식과 방정식을 연구하는 학문으로 발전해나갔다.

비에트의 저서는 독특한 형식으로 르네상스 시대의 수학 내용 전부를 수록했는데 가장 뛰어난 분야는 역시 대수학이었다. 그는 16세기 마지막 몇 년간 많은 논문을 저술했는데 이들을 일반적으로 '분석 기법 입문(In Artem Analyticem Isagoge)'이라고 통칭한다. 특히 방정식의 구조를 상세히 연구하여 대수학 연구에 크게 기여했다. 그는 또한 최초로 문자를 사용한 방정식 이론을 발전시켰다.

3차원 현실을 2차원 평면에 표현하기

1453년 오스만 제국은 콘스탄티노플을 함락하고 비잔틴 제국을 멸망시켰다. 이때 성 안에 있던 많은 학자가 고대 그리스의 문헌을 가지고 이탈리아로 피신했는데, 특히 피렌체로 많이 몰려갔다. 그래서 피렌체는 이탈리아 르네상스의 발원지가 되었다. 역사학자 윌 듀란트(Will Durant)는 피렌체를 '이탈리아의 아테네'라고 불렀다.

이탈리아인은 이 시기를 '리나시타(Rinascita, 재생)'라고 부른다. '리나시타'는 단순히 문학과 예술의 번영 또는 고전 학문의 재현만을 의미하지 않는다. 오히려 지중해의 아름다움 속에서 새로운 삶에 대한 동경으로 나타났다. 또한 신흥 중산 계층이 출현하면서 사람들은 더욱더 현세의 쾌락을 추구했다. 대학이 성장하고 지식과 철학이 발전하면서 인간의 머리와 마음을 풍성하게 채워주었고 세계를 더 폭넓게 이해하게 되면서 인간의 시야도 더욱 넓어졌다. 이 모든 것이 하나로 뭉쳐져 그 시대정신의 특징, 즉 '르네상스(Renaissance)'를 이루었다.

레오나르도 다빈치(Leonardo da Vinci, 1452~1519)는 르네상스 시대의 위대한 '거인'이었다. 다빈치는 천재 화가이면서 동시에 과학 연구 분야에 탁월한 업적을 남겼다. 그는 '회화는 대자연을 가급적 정확하게 묘사해야 한다'고 생각했다. 그는 인체를 해부하여 연구했고 눈[目]의 구조와 광학의 원리, 새가 나는 이치를 탐구했다. 그의 작품에서는 풀잎 하나, 새의 깃털 하나, 폭포의 물줄기 하나까지 자연에 대해 깊이 있게 관찰한 흔적을 엿볼 수 있다. 다빈치는 동역학과 정역학의 원리도 연구하여 탄도 곡선을 그려내기도 했다.

또한 "이론적 기반이 없는 실천은 마치 키와 나침반이 없는 선원과 같아서 배가 어디로 향하는지 영원히 알 수 없다"라는 명언을 남겼다. 이처럼 수학에 대한 그의 인식은 시대를 앞서갔다. 그는 "만약 수학의 신뢰성을 의심한다면 혼란에 빠질 수밖에 없다. …(중략) 수학적 설명과 논증을 거치지 않은 탐구는 결코 과학이 아니다"라고 말했다.

르네상스 시대 예술의 거장 다빈치가 종교 신학에서 대자연으로 눈을 돌렸을 때 직면한 첫 번째 문제는 '3차원 현실 세계를 2차원 평면에 표현하기', 즉 투시학(透視學)이었다. 1453년 이탈리아 르네상스의 철학자이자 건축가인 알베르티(Leon Alberti, 1404~1472)는 《회화론(Della Pittura)》에서 이 방법의 수학적 기반을 튼튼히 다졌다. 그의 기

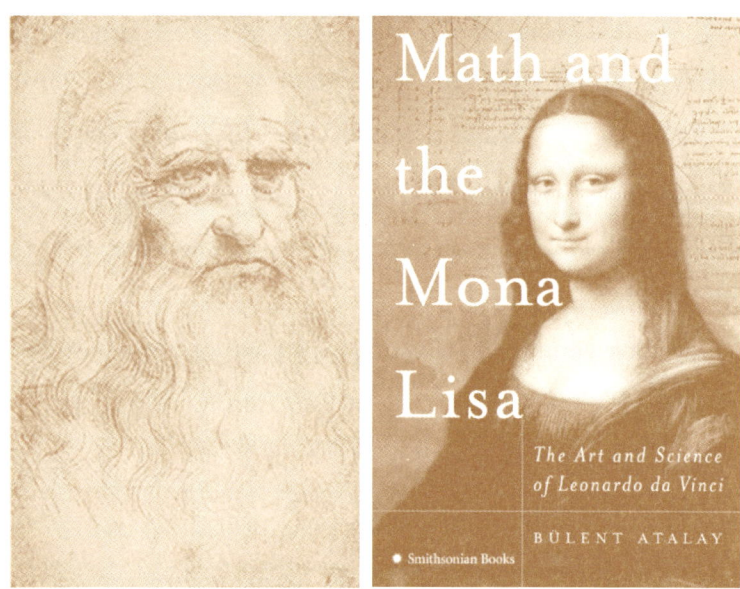

: 레오나르도 다빈치(왼쪽)는 예술가이자 과학자, 수학자로서 인류 역사상 진정한 천재의 한 사람으로 꼽힌다. 뷜렌트 아탈레이의 《다빈치의 유산(Math and the Mona Lisa)》(오른쪽)은 이런 관점에서 다빈치 작품 속의 수학과 과학, 예술 간의 신비로운 연관성을 추적하고 있다. 가령 유명한 '피보나치수열'과 여기에서 파생된 '황금분할'의 정리 등이 〈모나리자〉〈최후의 만찬〉 등 다빈치의 명작에 반복적으로 사용되었다. 문명의 여명에서 수학의 출현까지 그리고 '황금분할'의 발견에서 오늘날의 양자역학에 이르기까지, 이 책은 우리에게 한 폭의 예술과 과학이 끊임없이 융화되는 모습을 그려내면서 독특하고 참신한 시각으로 다빈치의 천재적 재능과 창의적 심리 기법 속으로 우리를 안내한다. 그러면서 우리에게 영감의 원천이 무엇인지 알려준다.

본 원리는 다음과 같이 이해할 수 있다. 눈과 대상물 사이에 유리판을 똑바로 세워 끼운 뒤 광선이 눈 또는 관측점에서 대상물 위의 한 점으로 발사하는 방법을 생각한다.

이들 광선은 투영선(投影線, projector)이라고 부른다. 투영선은 유리판을 통과한 곳에 절단면(切斷面, clipping plane)을 형성한다. 투영선과 절단면 이외에 알베르티는 또 다른 중요한 문제를 제시했다. 만약 눈이 서로 다른 두 위치에서 동일한 사물을 보았다면, 그리고 두 경우

: 다빈치가 파치올리의 저서 《신성한 비례에 관하여》에 그려준 삽화. 두 가지의 반(半) 정다면체를 그렸다.

모두 유리판을 끼웠다면 투영은 서로 달라진다. 문제는 '이 두 절단면 사이에 어떤 수학적 관계가 성립하고 또 어떤 수학적 공통성을 가지는가'이다. 이것이 바로 '사영(射影) 기하학'(또는 투영 기하학)의 출발점이다.

알베르티의 업적은 다빈치와 프란체스카(Piero della Francesca, 1420?~1492), 뒤러(Albert Dürer, 1471~1528)의 큰 호평을 받았고 이들의 이론에서 계승 발전되었다. 15세기 이후 회화(繪畵) 학교는 이들이 밝혀낸 투시법의 이론과 방법을 강의했다. 그럼에도 이들 원리는 격언이나 법칙, 강제 규정일 뿐 엄격한 수학적 토대가 부족했다. 17세기에 이르러야 비로소 투시학은 '반경험적 예술'에서 벗어나 사영 기하학이라는 독립된 과학으로 점차 발전해나갔다.

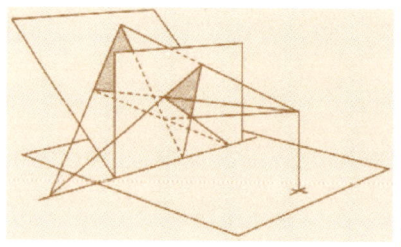

: 알베르티의 '투영선'과 '절단면'. 이와 같은 대응 관계의 수학적 원리는 '데자르그(Desargues, 1591~1661)의 정리'를 통해 설명할 수 있다. 만약 삼각형의 대응하는 꼭짓점을 연결하여 한 점에서 만나게 하면 이들의 대응변은 한 선분(교선)에서 만난다.

한편, 이탈리아의 수학자 파치올리(Luca Pacioli, 1445?~1510?)는 젊은 시절 부유한 베니스 상인 밑에서 일하면서 수학 연구를 시작했다. 1470년경 '작은형제회(Ordo Fratrum Minimorum)'의 수도사가 된 그는 각지를 돌아다니며 수학을 강의하고 수학 관련 책을 썼다. 파치올리와 다빈치는 밀라노 대공(大公)의 궁정에서 서로 알게 되어 함께 수학을 탐구했다. 1494년 파치올리는 《산술, 기하, 비 및 비례 요약집(Summa de arithmetica, geometrica, proportioni er propor-

: 수학자 파치올리는 복식 부기법을 소개함으로써 경영 및 상업활동에 큰 영향을 미쳤다.

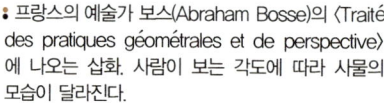

: 프랑스의 예술가 보스(Abraham Bosse)의 〈Traité des pratiques géométrales et de perspective〉에 나오는 삽화. 사람이 보는 각도에 따라 사물의 모습이 달라진다.

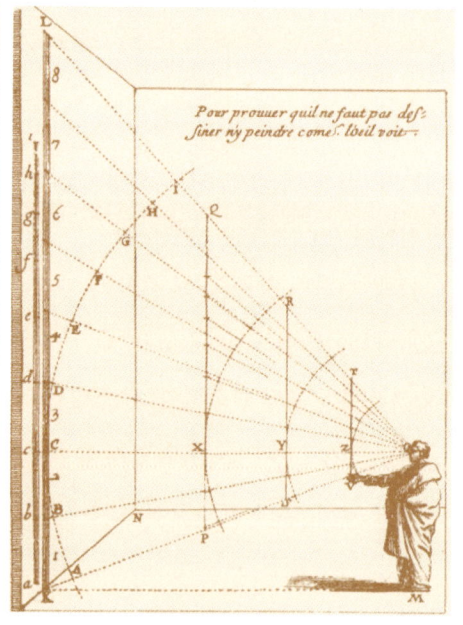

tionalita)》에서 최초로 복식 부기법에 대해 상세하게 설명했다. 이 방법은 상업과 경영 관리를 간단하고 정확하게 처리하는 데 기여했으며 서유럽의 상업 국가들이 세계적 강대국으로 발전하는 데 일조했다. 그는 1497년 《신성한 비례에 관하여(De diuina propotione)》를 썼고 1509년 베니스에서 출판했다. 이 책의 제1권 삽화는 다빈치가 그렸다. 파치올리는 유클리드의 저서를 라틴어와 이탈리아어로 번역하기도 했다.

제6장
해석 기하학에서 미적분까지

르네상스 이후 유럽에는 자본주의의 싹이 트고 성장하기 시작했다. 산업이 발전하여 노동 생산성이 높아지자 기존의 수학은 점차 한계를 드러냈다. 새로운 기계가 보급되면서 기계의 운동에 대한 연구가 활발히 이루어졌고, 항해 산업이 발전하자 드넓은 대양에서 선박의 정확한 위치를 측정하는 기술이 필요했다. 사람들은 완전히 새로운 수학을 필요로 했다. 이것이 바로 '변화하는 양의 수학'이 탄생한 배경이었다.

해석 기하학에서
미적분까지

변화하는 양(변수)을 수학에 도입한 데카르트

오늘날 수학 교육을 받은 대다수 사람은 인도-아라비아 숫자와 10진법 소수, 기호대수학과 로그 등을 매우 당연하게 받아들인다. 그렇다고 이들 수학 지식이 과학 발전에 얼마나 지대한 공헌을 했는지 과소평가해서는 안 된다. 대수학을 철저히 이해했기 때문에 데카르트는 해석 기하학을 창안할 수 있었다. 그리고 이를 기반으로 뉴턴과 라이프니츠의 미분법, 나아가 만유인력 문제가 해결되었고 거대한 뉴턴의 수학체계가 완성될 수 있었다.

케플러는 자신의 훌륭한 수학적 재능 덕분에 그의 스승 튀코 브라헤(Tycho Brahe, 1546~1601)가 남긴 방대한 천문 관측 자료를 활용하여 천문학의 혁명을 일으킬 수 있었다. 갈릴레이 역시 "자연이라는 큰 책은 수학의 언어로 쓰였다. 그 언어의 알파벳은 삼각형이고 원이며 각종 기하학 도형이다"라고 말하며 수학을 찬양했다.

: 해석 기하학을 창안한 데카르트. 그는 어린 시절부터 명상을 통해 철학과 수학의 힘을 길렀다.

르네상스 이후 유럽에는 자본주의의 싹이 트고 성장하기 시작했다. 산업이 발전하여 노동 생산성이 높아지자 기존의 수학은 점차 한계를 드러냈다. 새로운 기계가 보급되면서 기계의 운동에 대한 연구가 활발히 이루어졌고, 항해 산업이 발전하자 드넓은 대양에서 선박의 정확한 위치를 측정하는 기술이 필요했다. 또한 화기(火器)의 사용은 탄도(彈道) 문제의 연구를 촉진했다.

이러한 문제의 두드러진 특징은 바로 '운동'과 '변화'다. 그러나 기존 수학으로는 이 모든 문제를 효과적으로 해결할 수 없었다. 사람들은 완전히 새로운 수학을 필요로 했다. 이것이 바로 '변화하는 양의 수학'이 탄생한 배경이었다.

'변화하는 양'을 다룬 수학에서 첫 번째 중요한 성과는 '해석 기하학'의 발명이다. 해석 기하학에 기여한 두 수학자는 프랑스의 데카르트와 페르마다.

데카르트(René Descartes, 1595~1650)는 프랑스의 귀족 집안에서 태어났다. 그의 아버지는 어려서부터 병약했던 아들에게 공부만큼은 엄하게 통제하지 않았다. 하지만 똑똑한 데카르트는 스스로 알아서 공부를 해나갔다. 그는 여덟 살 때 라 플레슈(La Fleche) 예수회학교에 입학했는데 교장인 샤를레 신부는 얼굴색이 창백하고 총기가 가득한 이 아이를 무척 마음에 들어했다. 샤를레 신부는 이 아이를 가르치려면 먼저 체력을 길러주고 한편으로는 다른 또래 아이들보다 더 많은 휴식이 필요하다는 사실을 깨달았다. 그래서 어린 데카르트에게 늦잠을 자고 싶은 만큼 자도록 허락했다. 그에게는 그야말로 '복음'과도 같은 배려였다. 이때부터 데카르트는 새벽에 일어나 명상하는 습관이 생겼다. 후에 데카르트는 라 플레슈 학생 시절을 회상하며 조용하게 명상했던 긴 새벽 시간이 그의 철학과 수학의 힘을 길러낸 진정한 원천이었다고 술회했다. 아마도 이런 명상이 있었기에 그 유명한 철학 명제 '나는 생각한다. 그러므로 나는 존재한다'가 탄생할 수 있었는지도 모른다.

성적이 뛰어났던 데카르트는 훌륭한 고전학자가 되었다. 당시 학교 교육은 이들 귀족 자제를 '젠틀맨'으로 양성하는 전통을 갖고 있었다. 하지만 데카르트는 나이가 들수록 독립적인 사고 능력을 키웠고 고전지식 가운데 철학과 윤리학, 도덕학의 권위적 교리에 대해 의문을 품게 되었다. 그리고 중세 스콜라 철학자가 주장한 여러 방법이 인간의 창조적 목표를 실현하는 데 아무런 도움도 되지 않는다는 사실을 깨닫기 시작했다.

'그렇다면 새로운 발견을 위해서는 어떻게 해야 할까?'

데카르트는 생각하고 또 생각했다.

그는 무미건조한 학교 교과서의 속박에서 벗어나 사회에 뛰어들어 세상과 부딪치기로 결심했다. 그러나 얼마 지나지 않아 상류 사회의 경박한 생활에 염증을 느끼고 입대를 선택했다. 군 생활은 그의 육체와 정신을 단련시켰고 사상을 더욱 심오하게 다지는 계기가 되었다. 물론 수학 역시 전쟁의 신에게 감사해야 하리라. 왜냐하면 단 한 개의 총알도 그를 맞히지 못했으니까!

데카르트가 군대에 있을 때 겪은 재미있는 일화가 전해진다. 데카르트가 속한 군대가 도나우 강변에서 숙영할 때의 일이다. 술을 마시고 기분이 들뜬 데카르트는 별안간 이성적 삶을 갈망하게 되었다. 그날 밤 그는 매우 생생한 세 가지 꿈을 꾸게 된다. 첫 번째는 사악한 바람에 이끌려 교회에서 적막한 장소로 날아가는 꿈이었다. 두 번째는 미신에 흔들리지 않는 과학적인 눈을 가지고 무시무시한 폭풍을 관찰하는 꿈이었다. 세 번째는 〈나는 인생에서 어떤 삶을 따를 것인가?(What way of life should I follow?)〉라는 시를 암송하고 있는 꿈이었다. 바로 이 세 가지 꿈이 훗날 그의 인생을 송두리째 바꾸었다. 데카르트는 이 꿈이 '훌륭한 과학'과 '놀라운 발견'을 보여주었기 때문에 일생을 이 숭고한 사업에 헌신할 수 있었다고 회고했다.

그는 이 훌륭한 과학과 놀라운 발견이 무엇인지 구체적으로 밝히지 않았다. 하지만 후대 사람들은 이것이 해석 기하학 또는 기하학에 대한 대수학의 응용이라고 믿고 있다. 즉 18년 뒤 발표된 유명한 《방법서설》에서 밝힌 중요한 수학적 아이디어가 아니었을까?

또 다른 일화가 있다. 어느 날 아침, 명상에 잠겨 있을 때 바둑판 모양의 천장 한 귀퉁이에서 파리 한 마리가 기어가는 모습을 보았다. 그때 갑자기 좋은 생각이 번개같이 뇌리를 스쳤다. 파리와 이웃하는 두 벽의 거리 관계만 알 수 있다면 파리의 동선을 묘사할 수 있다는 생각이 들었던 것이다. 여기서 그가 좌표평면을 착안했다는 설이 있다.

데카르트는 1673년 유명한 철학 저서 《이성을 올바르게 이끌어 여러 학문에서 진리를 탐구하기 위한 방법의 서설》(약칭 《방법서설(Discours de la methode)》)을 발표했다.

이 책에는 《기하학》《굴절광학》《기상학》 등 세 개의 부록이 첨부

되어 있는데 해석 기하학의 발명은 이 중 《기하학》에 수록되어 있다. 해석 기하학은 '좌표 기하학'이라고도 부르는데 가장 중요한 개념은 평면 위의 점과 좌표(x, y)를 하나씩 대응하여 기하학 곡선과 대수방정식을 대응시키는 것이다. 그렇게 하면 기하학 문제가 결국 대수학 문제로 귀결된다. 데카르트는 《기하학》에서 '모든 곡선의 유형을 구분하고 그들과 직선 위의 점 사이의 관계를 나타내는 방법'을 설명하며 다음과 같이 적고 있다.

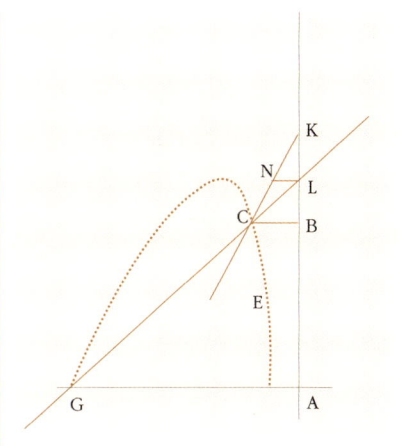

: 데카르트 《기하학》에서 보여주고 있는 곡선과 방정식.

> 이 곡선이 어느 유형에 속하는지 알기 위해 먼저 한 직선을 선택한다. 가령 직선 AB를 그려 곡선 위의 모든 점에 대한 참고 대상으로 삼는다. 그리고 AB 위에 한 점 A를 선택한다. 여기에서부터 연구는 시작된다.
> …(중략)
> 그리고 곡선 위의 임의의 한 점, 가령 C를 선택한다. 우리는 곡선을 그리는 도구를 이용하여 이 점을 지난다고 가정하자. C를 지나 GA와 평행인 직선 CB를 그린다. CB와 BA는 미지의 확정되지 않은 값이기 때문에 이 중 하나를 y, 나머지 하나를 x라고 부른다. (후략)

위의 그림에서 데카르트는 이미 알고 있는 값 GA를 a, KL을 b, NL을 c라고 할 때, 방정식

$$y^2 = cy - \frac{cx}{b}y + ay - ac$$

가 도출됨을 알았다.

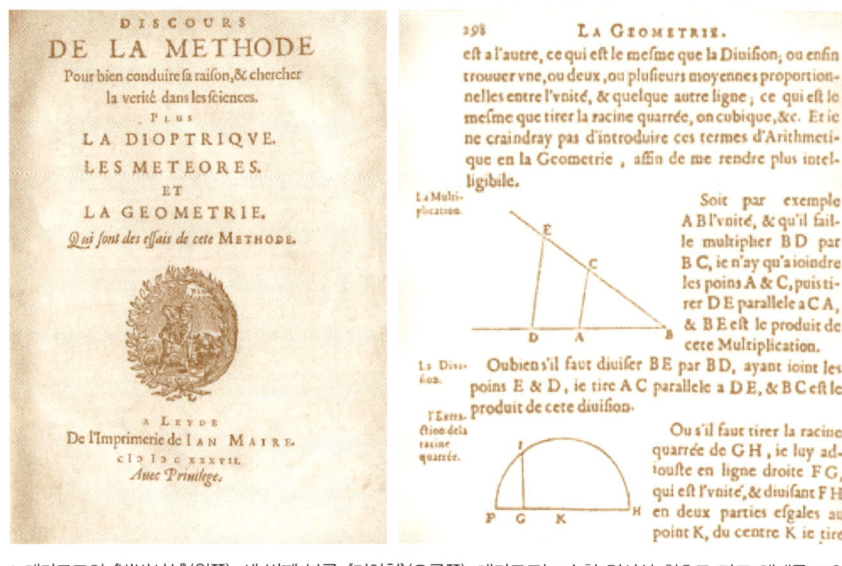

: 데카르트의 《방법서설》(왼쪽), 세 번째 부록 《기하학》(오른쪽). 데카르트는 수학 역사상 최초로 좌표 체계를 도입하여 곡선과 방정식의 관계를 정립했다.

    데카르트는 "이 방정식에 따르면 곡선 EC는 첫 번째 유형에 속하여 실제로는 쌍곡선임을 알 수 있다"고 말했다.

    데카르트가 선정한 직선 AG는 기준선인데 오늘날의 좌표축에 해당한다. 점 A는 원점에 해당한다. 이처럼 데카르트는 수학 역사상 최초로 좌표 체계를 도입하여 곡선과 방정식의 관계를 정립했다. 이는 해석 기하학의 가장 중요한 개념이다.

    이와 같이 데카르트는 기존 수학에서 서로 다른 연구 대상으로 인식되던 '수'와 '형태'를 하나로 통합하였고 '변화하는 양(변수)'에 대한 개념을 수학에 도입했다. 이는 수학사의 획기적인 혁명이었다. 엥겔스(Friedrich von Engels)는 "수학사의 전환점은 단연코 데카르트의 '변수'이다. 변수가 도입되면서 운동이 수학의 영역에 포함되었고 또

: 파리의 데카르트 가(왼쪽)(街). 암스테르담의 데카르트가 살았던 집(가운데). 스톡홀름에 있는 아돌프 프레드릭 교회(Adolf Fredriks Kyrka) 내부에 있는 데카르트 기념비(오른쪽).
1616년 데카르트는 학업을 마치고 군에 입대한다. 1625년 파리로 돌아왔고 1628년 네덜란드로 가 20년을 머물렀다. 그의 주요 저서는 모두 네덜란드에서 완성되었다. 1649년 스웨덴 여왕 크리스티나의 초청으로 궁정 철학자가 되었다. 1650년 초에 폐렴을 얻어 2월 세상을 떠났다. 향년 54세. 1799년 프랑스 대혁명 이후 데카르트의 유해는 프랑스 역사박물관으로 옮겨졌다. 사람들은 그의 묘비에 "데카르트, 유럽 르네상스 이후 인류를 위해 이성적 권리를 쟁취하고 지켰던 첫 번째 사람"이라고 적어 그를 기렸다.

한 변증법이 출현했다. 그리고 미분과 적분의 필요성이 생겼다. 또한 미분과 적분의 출현은……(후략)"이라며 그의 업적을 높이 평가했다.

1644년 데카르트는 《철학의 원리(Principia Philosophiae)》를 저술했다. 이 책은 그에게 유럽 최고의 명성을 안겨주었고, 당시 스웨덴 여왕의 흥미를 유발했다. 당시 19세에 불과했던 어린 스웨덴 여왕 크리스티나(1626~1689)는 말을 타고 사냥을 즐기는 말괄량이였으며 왕위 계승보다는 고전을 연구하는 학자가 되기를 갈망했다. 크리스티나는 데카르트의 명성과 학술적 업적을 흠모하여 그를 왕궁의 철학자로 초빙하려고 했지만 그는 줄곧 이를 사양했다.

1649년 봄, 데카르트는 여왕이 보낸 해군 대신의 오랜 설득으로 드디어 왕궁에 들어갔다. 젊은 여왕은 새벽 5시가 하루 중 기억력이 가장 좋은 시간이라고 생각했다. 그래서 데카르트는 매일 찬바람을 맞으며 왕궁에 가서 그녀에게 강의를 해야 했다. 군생활로 심신을 단련한 데카르트는 이런 고생을 견뎌낼 수 있었지만 그의 동료는 결국 폐렴에 걸렸다. 불행히도 데카르트는 친구를 간호하다 자신도 전염되어 고열에 시달렸다. 온갖 치료를 받았으나 데카르트는 결국 1650년 2월 11일 향년 54세를 일기로 삶을 마감했다. 훌륭한 철학자이자 수학자 한 명이 안타깝게도 철없는 여왕의 허영심의 희생양이 되고 말았다.

수학의 새로운 문제 해결을 위해 미분법이 출현하다

미적분(微積分)의 기원은 고대로 거슬러 올라간다. 아르키메데스와 중국의 유휘, 조충지 부자는 무한소(無限小)를 이용하여 부피를 구했으며 여기에는 극한에 대한 개념과 방법이 명확히 포함되어 있다. 적분학과 달리 미분학은 매우 늦게 출현했다. 미분학 발전을 촉진한 주요 수학 분야는 곡선의 접선과 순간 변화율, 함수의 극댓값과 극솟값을 구하는 문제였다. 그러나 고대 학자는 이들 문제를 정적(靜的)인 관점에서 바라보았다. 즉, 접선을 곡선과 한 점에서 만나고 곡선을 통과하지 않는 '접촉선'으로 인식했을 뿐 접선을 '할선(割線)'의 극한으로 보지 않았다.

17세기 이후 생산 활동이 활발해지고 자연현상을 심도 있게 관찰하게 되면서 수학에는 다음과 같은 많은 새로운 문제가 쏟아져나왔다.

(1) 거리와 시간의 관계로부터 어떤 한 시점에서 물체의 순간 속도와 가속도 구하기

(2) 운동하는 물체의 궤도 위 임의의 한 점에서 운동의 방향, 빛이 투명한 거울을 통과하여 나타나는 접선에 관한 문제

(3) 함수의 최댓값과 최솟값

(4) 곡선의 길이, 곡선을 둘러싼 부분의 넓이와 부피, 물체의 무게중심 등

17세기 초반, 거의 모든 과학자가 위에 나열한 문제에 대해 새로운 수학적 해법을 구하려고 노력했다. 이런 노력의 결과 드디어 미분과 적분이 탄생했다. 이제부터 몇몇 선구적 수학자의 대표적 업적을 알아보자.

(1) 케플러와 회전하는 물체의 부피

케플러(Johannes Kepler, 1571~1630)는 현대 천문학의 창시자다. 그는 행성의 운동에 관한 세 가지 법칙을 발

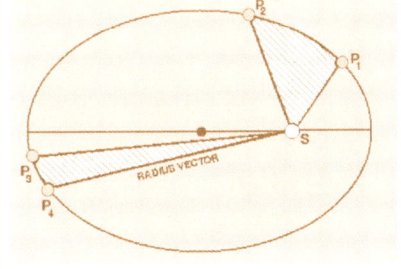

: 케플러와 '케플러 제2법칙'. 현대 천문학의 창시자인 케플러는 행성운동에 관한 세 가지 법칙을 발견했다.

견하여 '하늘의 입법자'라는 명예를 얻었다. 그 가운데 수학과 관련된 케플러의 두 번째 법칙은 '행성과 태양을 잇는 반경 벡터(크기와 방향을 가지는 값)는 같은 시간 같은 면적을 쓸고 지나간다'는 것이다. 타원의 넓이를 구하기 위해 케플러는 타원을 수많은 작은 삼각형으로 분할했다. 그는 단지 상식에 충실하게 계산하고 있다고 생각했겠지만 실제로는 적분 문제를 해결한 것이다. 그는 자신의 저서 《술통

: 케플러의 술통 부피 구하는 방법. 이는 적분법의 서곡이었다.

: 카발리에리. 케플러에게서 아이디어를 얻은 카발리에리는 불가분량의 원리를 이용해 부피를 구하는 문제를 해결했다.

의 부피를 구하는 새로운 방법(Nova stereometria doliorum vinariourum)》(1615)에서 이 아이디어를 체계적으로 설명했다. 케플러는 간단한 적분법을 이용하여 93종류에 달하는 입체의 부피를 구했다.

1613년 10월 30일 케플러는 두 번째 결혼식을 올렸다. 그는 큰 포도주 통 몇 개를 준비했는데 판매상의 부피 계산 방식이 그다지 미덥지 않았다. 케플러는 이를 계기로 부피 계산에 몰두했고 적분학 발명에 이론적 토대를 마련했다.

하지만 당시 케플러의 논문은 인정받지 못했다. 어쩌면 이를 이해하는 사람이 없었을 수도 있다. 사람들은 여전히 진부한 방법으로 술통 부피를 구했다. 심지어 의회의 지위 높은 의원들은 케플러에게 지도를 그리거나 《루돌프 행성표》 작성 등 시급한 일은 제쳐두고 쓸모없는 수학 놀이나 연구하고 있다고 비난하며 급여 지급을 중단하겠다고 선언하기까지 했다.

(2) 카발리에리의 '불가분량의 원리'

하지만 케플러의 저서를 이해하는 한 사람이 있었다. 그는 이탈리아의 수학자 카발리에리(Bonaventura Cavalieri, 1598~1647)였다.

 카발리에리는 1598년 이탈리아 밀라노에서 태어났다. 열다섯 살에 예수회의 선교사가 되었고 후에 갈릴레이에게서 배웠다. 1629년부터 49세에 세상을 떠날 때까지 볼로냐 대학교에서 수학 교수로 재직했다. 그는 당시 가장 영향력 있는 수학자 가운데 한 명으로 수학과 광학, 천문학에 관한 많은 저서를 남겼다. 또한 로그를 처음 이탈리아에 도입하기도 했다. 하지만 그의 가장 큰 업적은 1635년 발표한 논문 〈불가분량(不可分量)의 연속 기하학(Geometria indivisibibus continuorum nova quadam ratione promota)〉이다. '불가분량'에 대한 생각은 고대 그리스의 제논(Zenon)과 아르키메데스로 거슬러 올라가지만 직접적인 아이디어는 케플러에게서 얻었다고 볼 수 있다.

 카발리에리의 논문 내용은 다소 모호하다. 그러나 학자들은 그가 말하는 '불가분량'의 의미가 무엇인지 결국 이해하게 되었다. 주어진 한 평면단(平面段)의 '불가분량'이란 이 평면의 현(弦)이다. 또한 주어진 한 입체의 '불가분량'이란 이 입체의 평면 절단면을 가리킨다. 하나의 평면단은 평행한 현의 무한집합으로 구성되어 있고, 입체는 평행한 평면 단면의 무한집합으로 구성되어 있다고 이해될 수 있다. 쉽게 말해서 우리가 직관적으로 알 수 있듯이 '선을 모으면 면이 되고 면을 모으면 부피가 된다'고 보면 된다. 카발리에리의 논문에서 하나의 중요한 명제가 있다.

 만약 두 개의 평면도형을 동일한 두 평행선 사이에 두고 이 두 평행선과 같은 거리를 유지하는 임의의 직선에 의해 잘린 선분이 모두 동일하다고 한다면, 이 두 도형의 넓이는 서로 같다. 이와 마찬가지 방법으로 만약 두 입체도형이 두 평행한 평면 사이에 있고 이 두 평행면과 같은 거리를 유지하는 임의의 평면에 의해 잘려진 평면단의 넓이가 서로 같다면 이 두 입체의 부피는 동일하다.

이것이 바로 유명한 '카발리에의 원리'로 이 원리는 매우 직관적이고 이해하기 쉬우며 복잡한 부피 문제 해결에 많이 응용된다.

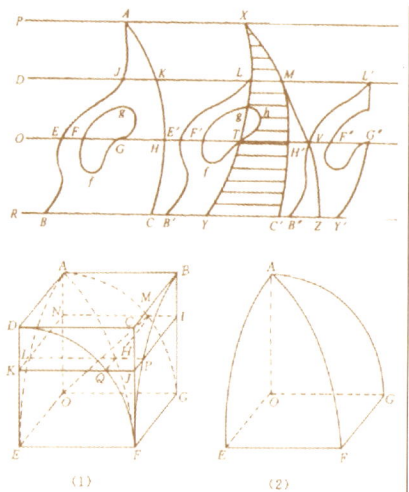

: (위) 카발리에리가 그의 논문 〈불가분량의 연속 기하학〉에서 묘사한 '카발리에리의 정리'. (아래) 중국 남북조 시대 조충지의 아들 조훤(祖暅)이 원의 부피를 구할 때 이와 유사한 원리를 사용했다. 그 내용은 '형태가 다른 물체는 똑같은 높이의 횡단면의 넓이가 같으면 부피도 같다'이다.

(3) 페르마의 대정리

페르마(Pierre de Fermat, 1601~ 1665)는 원래 변호사였지만 가장 큰 취미는 수학이었다. 그는 업무가 끝나면 나머지 시간을 모두 수학을 연구하는 데 보냈는데 디오판토스의 《산술(Arithmetica)》은 페르마에게 '바이블'과 같은 존재였다. 페르마는 '하나의 세제곱수를 두 개의 세제곱의 합으로 나타낼 수 없으며, 하나의 네제곱수를 두 개의 네제곱수의 합으로 분해하는 것 역시 불가능하다. 일반적으로 2차 이상의 임의의 수를 두 개의 동일 차수인 수의 합으로 나타낼 수 없다'는 사실을 발견했다. 부호를 표시하면 '방정식 $x^n+y^n=z^n$ (단 $n \geq 3$)의 정수해는 존재하지 않는다'이다.

페르마는 "나는 경이로운 증명을 했다. 다만 책의 여백이 너무 좁아 증명은 남기지 않는다"라고 썼다. 이것이 바로 300여 년간 수많은 학자가 몰두한 '페르마의 대정리(또는 페르마의 마지막 정리)'다. 페르마의 정리는 1994년 앤드루 와일스(Andrew Wiles, 1953~)가 증명했다(자세한 내용은 10장에서 다룸).

페르마는 해석 기하학과 확률론, 수론 등 수많은 분야에서 뛰어난 업적을 남겼다. 미분법에 관한 초기의 연구는 그를 미분법 선구자의 반열에 올려놓았다. 페르마는 케플러의 관련 논문을 열심히 연구하였고 그의 구상을 하나의 계산법으로 발전시키고자 했다. 특히 다항식의 근과 계수의 관계에 관한 비에트의 저서를 공부하다가 가장 의미 있는 계산방법을 생각해냈다. 이 아이디어가 나중에 미분법의 기반이 되었다. 페르마는 다음과 같이 적고 있다.

: 미분법의 선구자 페르마. "여기는 여백이 너무 좁아 증명은 생략한다"라는 말로 페르마의 대정리를 증명해야 하는 숙제를 남겼다.

> 나는 비에트의 방법을 고찰했다. …(중략) 그 방법이 방정식의 구조를 밝히는 데 어떻게 응용되는지 살피는 과정에, 최댓값과 최솟값을 구하는 데 사용할 수 있는 새로운 방법이 갑자기 뇌리를 스치고 지나갔다. 이 방법만 있으면 고대 그리고 현대 기하학을 괴롭혀왔던 동일한 조건 하의 일부 의혹을 아주 쉽게 해소할 수 있다.

1637년 페르마는 자신이 쓴 〈극댓값과 극솟값을 구하는 방법

⟨Methodus ad disquirendam maximam et minima⟩〉에서 오늘날 '페르마의 방법'이라 불리는 방식을 이용했다. 가장 전형적인 문제를 예로 들어보자. 길이가 b인 선분을 x와 $b-x$ 두 선분으로 나눌 때 x와 $b-x$의 곱 $x(b-x)$는 언제 최대가 되는가?

페르마의 방법은 다음과 같다.

x를 $x+e$로 대신한다. 즉, $x+e \approx x$이다.

여기에 '페르마의 방법'을 도입하여 x 대신 $x+e$를 대입하면 $x(b-x) \approx (x+e)\{b-(x+e)\}$가 된다. 이를 전개하면 $bx-x^2 \approx bx+be-x^2-2xe-e^2$이 된다. 같은 항을 소거한 뒤 양변을 e로 나누면 $2x+e \approx b$가 되며, e를 버리면 최종적으로 $x=\dfrac{b}{2}$를 얻는다.

'페르마의 방법'은 오늘날의 미분법과 거의 일치한다. 다만 변화량 Δ를 나타내는 부호로 'e'(페르마는 'E'라고 썼다)를 사용했다는 차이점밖에 없다.

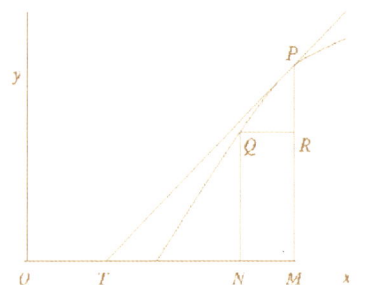

: 배로와 그의 '미분 삼각형'. 배로는 《기하학 강의》에서 '미분 삼각형' 방법을 이용하여 곡선의 접선을 구했다.

(4) 배로의 '미분 삼각형'

배로(Isaac Barrow, 1630~1677)는 케임브리지 대학교의 초대 루카스 석좌교수(수학 관련 분야에 기여한 교수에게 부여하는 명예직으로 헨리

루카스가 1663년에 제정-역주)였다. 뉴턴의 지도 교수였던 그는 초등 수학과 기하학, 광학 등 과목을 개설했다. 배로는 개성이 풍부하고 검술에 매우 능했다. 또 옷차림에는 신경을 쓰지 않았고 담배를 즐겼다. 그가 가장 몰두한 학문은 신학이었다.

1669년 배로는 국왕의 초청으로 런던에서 궁정 목사로 임명되었기 때문에 자신의 제자 뉴턴에게 루카스 교수직을 넘겼다. 왕실 교회의 성직자를 역임한 경력을 바탕으로, 배로는 케임브리지 대학교의 트리니티 칼리지 학장으로 임명되었다. 이것이야말로 배로가 원했던 직책이었다. 그는 트리니티 칼리지의 건립과 관리에 모든 정력을 다 바쳤는데 가령 1672~77년의 5년 동안 트리니티 도서관 건립을 밀어붙이기도 했다.

배로는 지나치게 일에 몰두한 나머지 40대의 젊은 나이에 세상을 떠나고 말았다. 후세 사람은 배로를 '왕정복고 시기 트리니티 칼리지의 최고 학장'으로 평가하고 있다. 물론 오늘날 우리가 그를 기억하는 이유는 뉴턴의 천재성을 발굴한 장본인이기 때문이다.

: 배로의 《기하학 강의》(1670). 제10강 11번 명제의 설명은 미분법의 '기본 정리'에 해당한다.

제6장 해석 기하학에서 미적분까지 ___ 145

배로는 《기하학 강의》에서 '미분 삼각형' 방법을 사용하여 곡선의 접선을 구했다. 그림과 같이 곡선 $f(x, y)=0$이 주어지고 이 곡선 위의 한 점 p의 접선을 구하고자 할 때, 배로는 '임의의 작은 곡선' PQ를 생각했다. 이 곡선은 증가량 QR=e에 따른 것으로 PQR은 미분 삼각형이다. 배로는 이 삼각형 PQR이 점점 작아지면 삼각형 PTM과 점점 같아질 것이므로, PR=a, TM=t, PM=y라고 표시할 때,

$\frac{PM}{TM} = \frac{PR}{QR}$ 즉, $\frac{y}{t} = \frac{a}{e}$ 가 성립한다고 생각했다.

이를 식으로 표현하면 다음과 같다.

$f(x-e, y-a) \approx f(x, y) = 0$

이 식에서 e와 a를 포함한 모든 거듭제곱과 곱의 형태로 이루어진 항을 소거하면 $\frac{a}{e}$를 구할 수 있는데 이것이 바로 기울기 $\frac{y}{t}$이다. 배로의 방법은 사실상 접선을 'a와 e가 0에 가까워질 때 할선 PQ의 극한의 위치'로 본 것이며, 0으로 수렴하는 '무한소(infinitesimal)'를 무시함으로써 극한값을 구할 수 있었다.

이 시기의 또 다른 대표적 인물로는 월리스(John Wallis, 1616~1703), 로베르발(Gilles Personne de Roberval, 1602~1675), 그레고리(James Gregory, 1638~1675) 등이 있다. 이들 모두 미적분을 창안하는 데 크게 기여했다.

하지만 그들이 사용한 방법은 제각기 달랐고 통일성이 없었다. 그 당시는 미적분의 탄생에 큰 돌파구가 마련

: 월리스는 1655년 《무한 산술》을 완성했다. 그는 유추의 방법으로 분수지수를 갖는 곡선의 넓이를 구했다. 그가 얻은 결론은 다음 공식에 해당한다.

$\int_0^1 x^{\frac{p}{q}} dx = \frac{1}{\frac{p}{q}+1}$

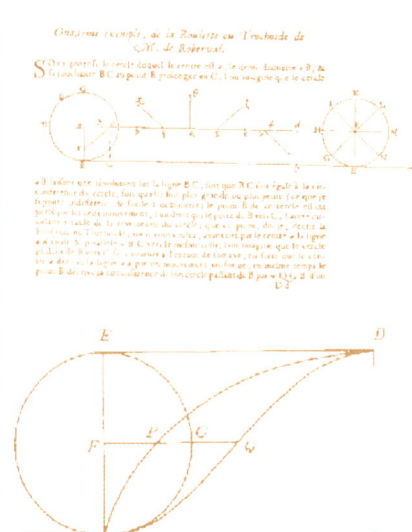

: 1634년 로베르발은 카발리에라의 원리를 이용하여 사이클로이드(원이 직선을 따라 구를 때 원주 위의 한 점이 만드는 곡선-역주)의 활 모양의 넓이를 구했다. 그의 방법은 다음과 같다. 그림에서 APD를 사이클로이드의 절반이라고 하자. 점 P를 지나 AC와 평행한 선분 FG를 긋는다. 원의 지름은 점 F에 놓이고 원은 G에서 만난다. PQ=FG가 되도록 Q를 잡는다. 곡선 AQD는 사실상 AD의 중점을 중심으로 한 사인(sine) 곡선이다. 따라서 직사각형 ACDE는 같은 넓이의 두 부분으로 나눠진다. 또한 반원 AEGA와 활 모양 APDQA는 같은 높이이고 절단선의 길이도 같기 때문에 넓이도 같다. 따라서 원의 반지름을 a라고 할 때, 사이클로이드의 활 모양 APDQA의 넓이 = 2× (APDCA의 넓이) = 2×(AQDCA의 넓이 + APDQA의 넓이) = 2×($\frac{1}{2}$× 직사각형 ACDE의 넓이 + 반원 AEGA의 넓이) = $3\pi a^2$이다

된 시기였지만, 앞으로 해결해야 할 문제도 많았다. 그 문제들은 다음과 같았다.

① 개념의 정립 : '변화율'과 '순간 속도' 정의하기
② 방법의 고급화 : 보편적 의의를 갖는 일반적 방법 찾기
③ 형식의 전환 : 기하학 형식을 해석학 형식으로 바꿔 개별 문제에 대한 구속에서 벗어나기

④ 미분과 적분의 관계 정립 : 가장 중요하고 핵심적인 문제

미국의 수학사학자 모리스 클라인(Morris Kline)이 한 말은 위의 상황을 잘 설명해준다.

> 수학과 과학의 모든 위대한 발전은 항상 수백 년간 많은 사람의 업적이 조금씩 쌓여서 이루어졌다. 어떤 한 사람이 가장 높게 가장 마지막으로 한 발자국을 내디뎌야 한다면, 그 사람은 혼란스러운 추측과 설명 가운데 여러 선구자의 가치 있는 아이디어를 조심스럽게 골라낼 수 있어야 한다. 또한 그는 이 아이디어 조각들을 조합할 수 있을 만큼 상상력이 풍부해야 하고 또 대담하게 하나의 위대한 계획을 세울 수 있어야 한다. 미적분학에서 이 위대한 일을 해낸 사람이 바로 아이작 뉴턴이다.

뉴턴, 미적분의 기초를 완성하다

아이작 뉴턴(Issac Newton, 1642~1727)이 미적분에 대해 연구한 시기는 영국에서 유행한 전염병을 피해 고향으로 내려온 1665년에서 1667년의 2년간이다. 뉴턴은 만년에 당시 상황을 다음과 같이 회고했다.

> 1665년 초 나는 급수(級數)와 유사한 방법을 발견했고 임의 차수의 이항식을 급수로 전개하는 규칙을 알아냈다. 같은 해 5월, 곡선의 접선을 그리는 방법을 발견했다. 11월에 '유율법(流率法, 플럭션법)'을 생각해냈다. 다음 해 2월, 색깔 이론을 창안했다. 5월에는 유율법의 반대 연산을

했고 중력이 달과 달의 운행 궤도에 미치는 영향을 연구했다.

1666년 10월 뉴턴은 미적분에 관한 첫 번째 논문 〈유율법(The Method of Fluxions)〉을 발표했다.

이 논문은 최초로 '플럭션(fluxion, 연속적으로 변화하는 값 - 역주)'이라는 개념을 제시했다. 1669년 뉴턴은 친구들에게 《플럭션 무한급수에 대한 방법(The method of fluxions and infinite series)》이라는 소책자를 보냈는데, 그후 1711년이 되어서야 출판되었다.

뉴턴은 하나의 곡선이 주어지고 곡선 아래 부분의 넓이를 Z라 가정할 때(아래 그림), $z=ax^m$이라는 사실을 알고 있었다. 여기서 m은 정수 또는 분수다. 그는 'x의 무한소의 증가량'을 'x의 모멘트(moment, 나눌 수 없는 증가량 - 역주)'라고 불렀으며 'o'로 표시했다. 곡선과 x축, y축, $x+o$의 세로 좌표로 둘러싸인 부분의 넓이는 $z+oy$로 표현할 수 있다. 여기서 oy가 바로 넓이의 모멘트다.

이를 식으로 나타내면, $z+oy=a(x+o)^m$이다.

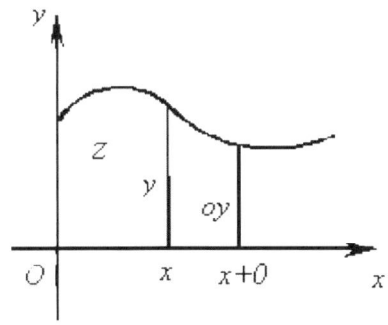

m이 분수일 때 이항정리를 이용하여 우변을 전개하면 무한급수를 얻는다. 이를 원래 식에서 빼고 방정식의 양변을 o로 나눈 뒤 o를 포

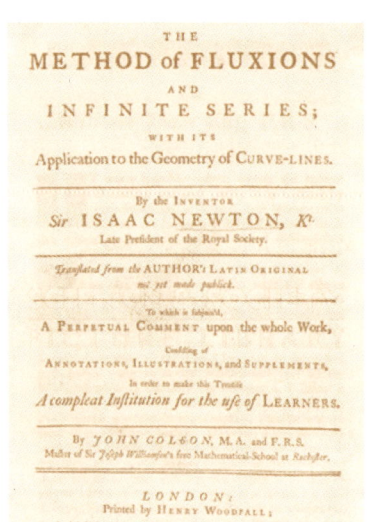
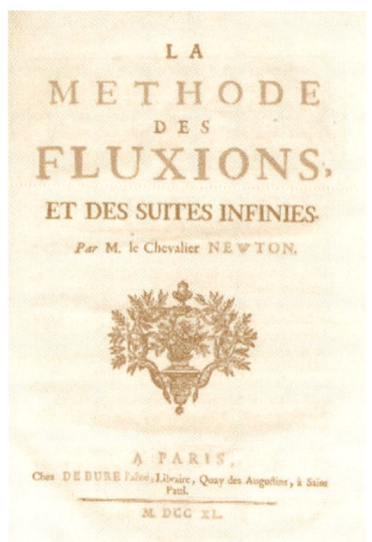

: (왼쪽) 뉴턴의 미적분 관련 첫 번째 논문 〈유율법〉(1666). 라틴어로 작성했다. 1671년 수정판이 나왔는데 동료에게만 보여주었다. 1736년 존 콜슨(John Colson, 1680~1760)이 영문으로 번역하고 주석을 달아 런던에서 출판했다. (오른쪽) 1740년 저명한 박물학자 뷔퐁(Georges Buffon)이 프랑스어로 번역해 파리에서 출판했다.

함하는 항을 모두 무시한다.

그러면, $y=max^{m-1}$가 된다. 이를 오늘날의 미적분 용어로 말한다면 '임의의 점 x에서 넓이의 변화율은 곡선이 x에 있을 때의 y값'이다. 즉 곡선이 $y=max^{m-1}$일 때 곡선 아래 부분의 넓이 $z=ax^m$이다.

여기에서 뉴턴은 한 변화량의 또 다른 변화량에 대한 순간 변화율을 구하는 보편적 방법을 창안했다. 또한 변화율 계산의 역산(逆算)을 통해 넓이를 구할 수 있음을 증명했다. 이것이 바로 현대 고등 수학의 '미적분 기본 정리'다.

뉴턴 이전의 수학자들은 특수한 예를 들거나 다소 모호하게 이런 사실을 예견했지만 뉴턴은 이것이 보편적인 진실임을 증명했다. 그

: 1642년 뉴턴은 영국 링컨셔의 울즈소프에서 태어났다(위 오른쪽, 1727년 윌리엄 스터클리 그림). 뉴턴이 학교 창문틀에 새긴 이름(왼쪽 아래). 이 낙서에 대해 당시 선생님들은 매우 화가 났을 테지만, 현재 그들은 후세 사람들을 위해 이 글자를 보존하고 있다. 오늘날 그의 고향 울즈소프는 여전히 아름답고 매혹적이다(아래 오른쪽).

는 이 방법을 이용하여 많은 곡선 아래 부분의 넓이를 구했다.

뉴턴의 미적분 연구는 그의 무한소 연구의 기초가 되었다. 모멘트는 무한소 값으로 불가분량이다. 즉 위의 방법은 반드시 이항정리를 사용하여 모멘트를 없애야만 의미를 가질 수 있는데 이런 점에서 논리적으로 불명확했다. 뉴턴 역시 이 점을 잘 알고 있었다. 그래서 《무한 다항 방정식을 이용한 분석학(De Analysi per Aequationes Numero Terminorum Infinitas)》(약칭 《분석학》)에서 자신의 방법이 "엄밀한 증명이라기보다 오히려 간단한 설명에 가깝다"라고 썼다.

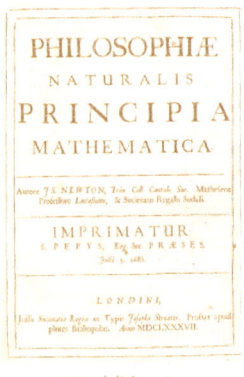

• (왼쪽 위) 뉴턴의 《프린키피아》 초판(1687).
(왼쪽 아래) 《프린키피아》 제3장 '타원곡선 위의 물체의 운동'. 뉴턴은 기하학적 방법을 이용하여 제곱에 반비례하는 물체의 궤도는 타원임을 증명했다. 이는 뉴턴의 상징적 업적이 되었으며 파운드화(貨)에 이 그림이 실려 있다. (오른쪽 위) 영국 파운드화에 실린 뉴턴. 책상 위에 프리즘과 반사 망원경이 보인다. 뉴턴의 무릎 위에 놓인 책이 《프린키피아》이다.

《자연철학의 수학적 원리》(또는 《프린키피아》, 1687)는 뉴턴이 인류에게 선물한 역작이다. 뉴턴은 이 책 서문에서 이렇게 썼다.

"고대인은 자연의 사물을 연구하는 데 역학을 가장 중요시했다. 현대인은 실물의 형식과 보이지 않는 물질을 버리고 수학의 정리(定理)를 이용하여 자연현상을 이해하려고 애쓰고 있다. 따라서 나는 이 책에서 철학과 관련 있는 수학을 발전시키고자 노력했다."

이 책에서는 세 개의 역학정리를 토대로 수학을 이용하여 케플러의 행성 운행에 관한 세 개의 법칙, 만유인력의 법칙 등 수많은 결론을 논하고 있다. 그리고 만유인력의 법칙과 케플러의 제3법칙이 사실상 같은 의미임을 증명했다. 또한 미적분을 유체 운동과 소리, 빛과 조석(潮汐), 혜성 나아가 전체 우주 체계에 응용함으로써 '새로운 수학 도구' 미적분의 위력을 유감없이 보여주었다.

한편, 에드먼드 핼리, 로버트 훅, 크리스토퍼 렌은 '인력 $\frac{1}{r^2}$이 작용할 때 행성의 궤도는 어떤 모습인가?'에 대해 토론했다. 훅은 타원일 거라고 추측했지만 확신할 수 없었다. 그들은 뉴턴을 떠올렸다. 핼리는 케임브리지로 달려가 뉴턴에게 가르침을 청했다. 뉴턴은 "그건 타원이오. 내가 직접 계산했소"라고 대답했다. 1684년 11월 뉴턴은 논문 〈물체의 궤도 운동에 관하여(De motu corporum in gyrum)〉에서 이를 증명했다. 핼리는 가급적 빨리 이 사실을 발표하고 싶어했지만 뉴턴은 이 논문이 아직 불완전하기 때문에 "완벽하게 연구한 다음에 발표하겠다"고 말했다. 그 결과 2년여 뒤 《프린키피아》로 세상에 발표되었다. 이 책은 뉴턴에게 더 없이 높은 명성을 가져다주었다.

핼리는 국왕에게 이 책을 추천하면서 "만약 왕자님께서 읽으실 책을 찾으신다면 자연현상에 대해 이처럼 풍부하고 우수한 발견을 담고 있는 이 책을 폐하께 바치겠나이다"라고 말했다. 프랑스의 저명한 수학자 라그랑주(Jeseph-Louis Lagrange, 1736~1813)가 《프린키피아》를 읽고 나서 "뉴턴은 역사상 최고의 천재이자 행운아다. 왜냐하면 우주의 체계는 단 한 차례만 밝혀지는 것이니까"라며 감탄했다고 전해진다.

아인슈타인 역시 뉴턴의 업적을 높이 평가했다. 그는 "오늘날까지 어떠한 동일한 통일된 개념으로도 뉴턴의 우주에 관한 통일된 개념을 대신할 수는 없다"고 말했다. 하지만 발표 당시든 오늘날이든 《프린키피아》를 읽으면 두려움을 느끼기에 충분하다. 왜냐하면 《프린키

• 1702년 크넬러(Godfrey Kneller)가 그린 뉴턴의 초상화. 1703년 뉴턴은 왕립학회의 의장에 임명되었다. 1705년 앤 여왕은 그에게 기사 작위를 수여했다.

피아》는 '분석'의 언어가 아닌 '기하학'의 언어로 쓰여졌기 때문이다. 그러나 뉴턴은 책에서 극한의 방법을 능숙하게 사용하여 수학적 증명을 전개하고 있다. 이를 위해 뉴턴은 《프린키피아》 제1편 제1장에 '처음 값과 마지막 값의 비교 방법'을 별도로 논하고 있다. 그중 첫 번째 보조 정리(lemma)는 다음과 같다.

보조 정리 1. 값[量]과 값의 근사치는 임의의 유한한 시간 내에 연속적으로 동일한 값을 향해 접근한다. 그리고 이 유한한 시간이 끝나기 전에 서로 접근하며 그 차이는 임의의 주어진 값보다 작고 결국 반드시 같아진다.

뉴턴은 바로 이 극한의 방법을 이용하여 많은 물리학의 성과물들을 증명해냈다. 기하학을 기반으로 한 그의 물리학 이론은 거의 대부분 다음의 세 가지 절차를 적용했다.

첫째, 유한한 구간 내에 하나의 결과를 만든다. 둘째, 어떠한 양이 무한소라 하더라도 결과는 성립한다고 단정한다. 셋째, 이 새로운 결과를 제한된 상황에 적용한다. 따라서 《프린키피아》에서 증명의 핵심 부분에는 거의 예외 없이 "무한소인 상황에서 ……이다"라고 기술되어 있는데 이는 오늘날 미적분학에서 '극한인 경우에 성립한다'

는 말과 동일하다. 뉴턴은 기존의 전통 수학을 고수하는 사람들이 그의 새로운 개념을 반대하리란 사실을 잘 알고 있었다. 뉴턴은 제1장 주해에서 자신의 비판자에게 이렇게 답변했다.

> 아마 누군가는 반대할 것이다. 그들은 영(0)에 가까워지는 값의 마지막 근사치가 존재하지 않는다고 믿는다. 왜냐하면 어떤 값이 소멸하기 전까지 비율은 마지막일 수 없고 이 값들이 소멸하면 비율 역시 소멸한다고 생각할 테니까.
>
> 하지만 같은 이유로 우리는 어떤 물체가 한 곳에 도달하여 그곳에 정지했더라도 '최후 속도'가 없다고 말할 수 있다. 또한 물체가 그곳에 도달하기 전의 속도는 최후 속도가 아니며 도착한 이후에 속도가 사라진다고 말할 수 있다. 그에 대한 대답은 매우 간단하다. '최후 속도'란 물체가 이 속도로 운동하고 있다는 의미다. 이는 물체가 마지막 장소에 도착하여 운동을 멈추기 전의 속도도 아니고 멈춘 이후의 속도 역시 아니며 물체가 그곳에 도달했을 때 그 순간의 속도를 말한다. 다시 말하면 물체가 마지막 장소에 도착하여 운동을 중지한 그 순간의 속도다. 비슷한 방법을 이용하면 '소멸한 값의 마지막 근사치'를, 이들 값이 소멸되기 이전 또는 이후의 근사치가 아니라 '이들 값이 소멸되는 그 순간의 근사치'라고 이해할 수 있다.

이런 설명은 운동의 직관성에 너무 의존한다는 느낌이 들 수도 있다. 뉴턴은 이어서 더욱 수학적인 언어를 사용하여 설명하고 있다.

> 값이 소멸될 때의 마지막 비율은 진정한 의미의 마지막 비율이 아니

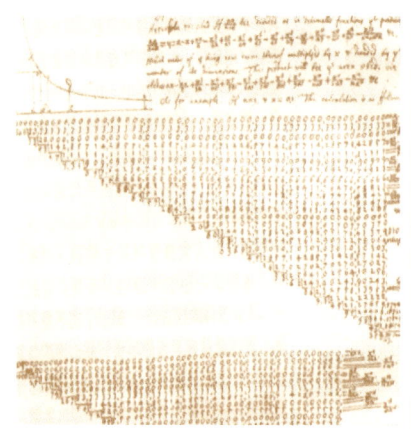
: 1665년 뉴턴은 쌍곡선 아래 부분의 넓이를 구하기 위해 놀랍게도 55자리수의 계산을 했네! 우리는 뉴턴의 천재성을 존경하지만 사실 그의 집념과 끈기가 우리에게 더 큰 가르침을 주는 건 아닐까?

라, 무한히 작아지는 값의 비율이 수렴할 수밖에 없는 극한치를 가리킨다. 근사치는 이 극한을 향해 가까워지며, 주어진 어떠한 차(差)보다 작고 결코 이보다 클 수 없다. 실제로는 이들 값이 무한히 작아질 때까지 결코 이 차에 도달하지 못한다.

뉴턴의 위의 언급 속에는 '수렴' '극한' '주어진 어떠한 차' 등의 수학적 용어가 분명히 사용되었다. 만약 이를 대수학 용어로 번역한다면 극한의 정의에 해당한다. 물론 이 정의가 현대 수학의 정의와 일대일 대응하지는 않는다. 왜냐하면 이 정의가 여전히 '운동'이란 전제에서 벗어나지 못하고 있기 때문이다. 하지만 매우 근접했다고는 말할 수 있다. 뉴턴은 이처럼 상세하게 설명했음에도 여전히 비판을 받았다. 특히 버클리(Bishop Berkeley, 1685~1753) 주교의 비판이 가장 거셌다. 그는 뉴턴이 무한소를 자기 마음대로 처리하는 데 크게 불만을 표시하며 뉴턴의 마지막 근사치를 '사라진 값의 망령'이라고 비꼬았다. 이처럼 미적분 탄생 초기에는 논리적 토대 전반에 매우 큰 오류가 존재했다. 하지만 당시의 수학자들은 미적분 계산법의 효용성에 집중하여 응용 영역을 확대하고자 노력했다. 그리고 20세기에 이르러 엄밀한 미적분의 기초가 완성되었다.

뉴턴과 라이프니츠 중 누가 미적분을 발명했는가

17세기의 위대한 천재 라이프니츠 (Gottfried Wilhelm Leibniz, 1646~1716)는 미적분의 발명에서 뉴턴의 경쟁자였다. 독일 라이프치히에서 태어난 라이프니츠는 여섯 살 때 아버지를 여의었다. 그러나 아버지로부터 역사에 대한 흥미를 물려받은 그는 학교 교육보다 아버지가 남긴 수많은 책을 공부하며 실력을 키웠다. 라이프니츠는 여덟 살 때 라틴어를 배우기 시작해 열두 살 때는 이미 능통해져 라틴어로 정확하게 시를 쓸 수 있게 되었다. 그는 라틴어에 이어 그리스어에 도전했는데, 역시 스스로의 힘으로 터득했다.

: 라이프니츠와 그의 서명. 미분 기호, 적분 기호 등을 창안하여 해석 기하학 분야에 큰 공헌을 하였다.

열다섯 살이 되자 라이프니츠는 라이프치히 대학교에 입학하여 법학을 전공했다. 그러나 그는 법학에 모든 시간을 쏟지 않았다. 오히려 철학 서적을 탐독하여 케플러와 갈릴레이, 데카르트 등이 발견한 신세계에 눈을 떴다. 그는 수학을 잘하는 사람만이 이 새로운 철학을 이해할 수 있음을 깨닫고 수학에 더욱 흥미를 갖게 되었다.

1666년 라이프니츠는 라이프치히 대학에 박사학위를 청구했는데 학교 측은 뜻밖에 이를 거부했다. 그 이유는 그의 나이가 아직 20세가 안 되었기 때문이었다. 하지만 이는 핑계에 불과할 뿐 실제 이유는 그가 너무나 박식하여 고리타분하고 멍청한 교수들의 머리를 다 합친

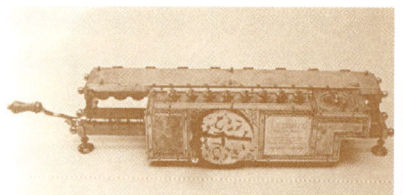

: 1672년 파리를 방문한 라이프니츠는 파스칼 계산기(1646)에 큰 흥미를 느꼈다. 그는 덧셈과 뺄셈만 가능한 파스칼 계산기를 개량하여 곱셈과 나눗셈, 제곱근 계산도 가능한 톱니바퀴식 계산기를 설계했다(위: 라이프니츠의 계산기). 2진법 역시 라이프니츠의 중요한 발명이었으며(아래) 오늘날 계산기의 통용 언어가 되었다.

것보다 훨씬 뛰어났기 때문이다.

라이프니츠는 대학 교수들의 편협한 속성에 염증을 느끼고 고향을 영원히 떠났다. 1666년 11월 5일 라이프니츠는 새로운 법학 교수법으로 뉘른베르크 대학에서 박사학위를 받았고 교수직도 제의받았다. 하지만 그는 이를 거절했다. 그에게는 더 큰 포부가 있었기 때문이다.

1666년이 뉴턴에게 기적을 일궈낸 한 해였듯이 라이프니츠에게도 중요한 시기였다. 이 20세의 천재는 자신이 "고등학생의 에세이 정도에 불과"하다고 말한 《결합법론(De Arte Combinatoria)》에서 다음과 같은 원대한 꿈을 꾸었다.

"하나의 일반적 방법이 유도해낸 모든 진실성이 하나의 계산으로 단순화된다. 아울러 이는 하나의 범용 언어 또는 문자가 될 수 있다. 그러나 지금까지 발표된 기존의 여러 아이디어와는 전혀 다르다. 왜냐하면 그 안의 부호, 심지어 어휘들 역시 유도를 필요로 하기 때문이다." 이런 구상은 실로 당시 시대를 훨씬 앞서고 있다. 21세기인 오늘날에도 슈퍼컴퓨터의 도움을 받아야 그의 이상을 실현할 수 있다.

라이프니츠의 박사학위 논문은 마인츠의 선제후(選帝侯, 중세 독일에서 황제 선거의 자격을 가진 제후)로부터의 극찬을 받았다. 이로 인해 그는 여러 중책을 맡았다. 먼저 법전 개정에 참여했고 후에 외교관에 임명되었다.

1672년까지 그는 당시 현대 수학에 대해 거의 아는 바가 없었다. 26세였던 그해 라이프니츠는 파리에서 외교 업무를 하면서 물리학자 호이겐스(Christiaan Huygens, 1629~1695)를 알게 되었다. 그는 라이프니츠에게 자신이 쓴 시계추에 관한 수학책을 선물했다. 라이프니츠는 전문가의 손에서 탄생한 수학의 힘에 매료되어 호이겐스에게 가르침을 청했고 호이겐스 역시 라이프니츠의 우수한 수학적 두뇌를 꿰뚫어보고 기꺼이 이를 수락했다. 당시 라이프니츠는

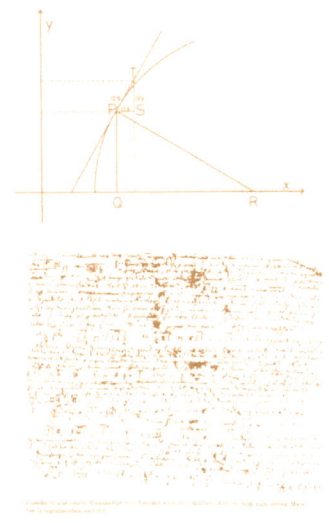

• (위) 라이프니츠의 미분삼각형. (아래) 미적분을 논한 라이프니츠의 육필 원고. 여기에서 최초로 '∫'을 사용하여 적분을 표시했다.

이미 자신만의 방법(보편적 부호 언어)을 이용하여 여러 가지를 발명했다. 그중 하나가 '파스칼의 계산기(pascaline)'보다 훨씬 우수한 계산기였다. 파스칼 계산기는 덧셈과 뺄셈만 가능했지만 라이프니츠는 여기에 곱셈과 나눗셈, 제곱근 기능도 추가했다. 호이겐스의 가르침이 있었기에 라이프니츠는 자신에게 숨겨진 수학적 재능을 살릴 수 있었던 것이다!

1673년 1월부터 3월까지 라이프니츠는 선제후의 외교 고문 신분으로 런던을 방문했다. 외교 업무는 매우 숨 가쁘게 돌아갔지만 수학에 대한 그의 열정을 식히지 못했다. 런던에 체류하는 동안 그는 영국의 여러 수학자를 만났고 왕실학회의 회의에 참석하여 자신이 발명한 계산기를 선보였다. 또한 영국 수학자에게 무한급수에 대해 배

: 라이프니츠는 생전에 유럽 각국의 학자와 긴밀히 교류했다.

운 후 라이프니츠는 여기에 완전히 빠져들었다. 그리고 곧 π를 무한급수로 나타내는 다음 식을 발견했다.

$$\frac{\pi}{4} = 1 - \frac{1}{3} + \frac{1}{5} - \frac{1}{7} + \frac{1}{9} - \frac{1}{11} + \cdots\cdots$$

호이겐스는 라이프니츠가 파리를 떠나 있던 동안 얻은 성과에 크게 기뻐하며 앞으로도 계속 수학에 매진하라고 조언했다. 라이프니츠는 업무 이외 시간을 모두 수학 연구에 쏟아부었다. 1676년 파리를 떠나 하노버의 브런즈(Brunswick) 공작을 위해 일하기 전까지 그는 일부 미적분 공식을 만들었고 미적분학의 기본정리도 발견했다. 이들 공식은 오늘날 대학생에게는 너무나 쉬운 내용이지만 당시 라이프니츠와 뉴턴은 정확한 방법을 찾기까지 끊임없이 고민하고 시행착오를 반복해야 했다. 여기에 한 가지 예를 들어 미적분이 걸어온 험난한 여정을 소개할까 한다.

가령 u와 v를 각각 x의 함수라고 가정할 때 uv의 x에 대한 변화율을 어떻게 u와 v의 x에 대한 변화율로 표현할 수 있겠는가? 기호로 표현한다면 $\frac{d(uv)}{dx}$는 $\frac{du}{dx}$, $\frac{dv}{dx}$ 와 어떤 관계가 있는가? 이다.

라이프니츠는 한때 당연히 $\frac{du}{dx} \times \frac{dv}{dx}$ 가 된다고 생각했지만 나중에 이를 $\frac{d(uv)}{dx} = u\frac{dv}{dx} + v\frac{du}{dx}$ 로 수정했다.

라이프니츠는 생의 마지막 40년을 브런즈위크 가문을 위해 아무런 의미 없는 헌신을 하면서 보냈다. 그는 이 가문의 도서 관리인으로 일하면서 남는 시간에 자신이 좋아하는 학문 연구에 몰두할 수 있었다. 그 결과 각종 분야를 연구한 논문이 그야말로 산더미처럼 쌓여

: (왼쪽) 라이프니츠의 고향 라이프치히가 그를 기리기 위해 세운 동상. (오른쪽) 라이프니츠가 하노버에서 살았던 옛 집. 그는 1716년 세상을 떠날 때까지 이곳에 살았다. 안타깝게도 이 고가(古家)는 제2차 세계대전 중 소실되었고 1981년 역사 문헌을 참고하여 재건했다.

갔다. 1682년 그는 《학술기요(Acta Eruditorum)》를 창간하여 편집장을 맡았으며 수학 논문 대부분을 이 잡지에 발표했다. 《학술기요》는 유럽 대륙에 널리 퍼져 라이프니츠에게 큰 명예를 가져다주었다. 1700년 라이프니츠는 베를린 과학아카데미를 설립했고 드레스덴과 빈, 상트페테르부르크에도 비슷한 아카데미를 세웠다.

라이프니츠는 세상을 떠나기 전 7년간, 뉴턴과 자신 중 누가 최초로 미적분을 발명했는지에 관한 논쟁에 휘말렸다. 역사의 결론은 '두 사람이 독립적으로 미적분을 발견했으며 뉴턴은 먼저 발견했고 라이프니츠는 먼저 발표했다'이다. 다혈질적인 영국인이 라이프니츠의 미적분 기호를 거부했기 때문에 영국의 수학은 큰 타격을 입었다. 반면 유럽 대륙에서는 라이프니츠 추종자의 노력으로 미적분이 빠르게 발전해 갔다.

: (왼쪽) 케임브리지 대학교 트리니티 칼리지 교회 안에 있는 뉴턴의 동상. 손에 프리즘을 들고 있다. (오른쪽) 뉴턴 탄생 3백 주년 기념우표의 사과 그림 '뉴턴의 사과'는 너무나 유명하여 거의 신화와 같은 전설이 되었다.

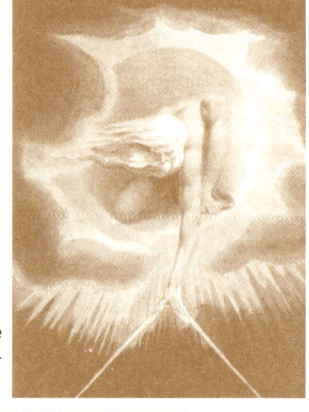

: (왼쪽) 〈태초의 혼돈(The Ancient Day)〉(1794). 윌리엄 블레이크(William Blake) 작품.

: '하느님께서 말씀하셨다. 뉴턴을 세상에 내보내라. 모든 것이 광명을 얻으리라.' [시인 포프(Alexander Pope, 1688~1744)]. 일반인에게 뉴턴은 거의 신적인 존재이다. 하지만 뉴턴은 "사람들이 나를 어떻게 평가하는지 잘 모른다. 나는 다만 해변에서 뛰놀며 다른 것보다 더 반짝반짝 윤기 나는 조약돌과 더 예쁜 조개껍데기를 줍고 즐거워하는 꼬마일 뿐이다. 내 앞에는 아직 아무것도 밝혀지지 않은 진리라는 미지의 바다가 펼쳐져 있다"라고 말했다. 그림에서 뉴턴은 신성한 기하학자로 묘사되어 있다(윌리엄 블레이크, 1795). 바로 위 왼쪽에 있는 다른 그림과 비교해보자. 1995년 조각가 파올로치(Eduardo Paolozzi, 1924~2005)는 이 그림을 근거로 청동상을 제작하여 대영박물관 신관(오른쪽 위)에 전시했다. 이는 인류의 지혜와 자연의 법칙이 통일되었음을 상징한다.

제7장
대수학의 찬란한 발전

중세 이후 여러 수학자들의 탁월한 업적은 숫자 대신 문자와 기호로 해를 구하는 대수 방정식의 비약적인 발전을 가져왔다. 16세기 2차, 3차, 4차 방정식의 해를 구하는 데 성공하자 수학자들은 일반적인 5차 방정식이나 그 이상의 차수 방정식의 해법을 찾으려 노력했다. 하지만 아벨에 의해 5차 이상 고차 방정식의 대수적 해법이 존재하지 않음이 증명되었고, 이후 무리수, 복소수 등의 개념을 이용해 대수 방정식의 근의 공식을 구하려는 시도가 이어졌다. 1843년 해밀턴의 4원수 발명으로 수학계에 새로운 지평이 열렸다. 실수와 복소수의 통상적 성질을 넘어서는 인위적인 새로운 수도 만들 수 있었고, 이로써 추상 대수학으로 나아가는 대문이 활짝 열리게 되었다.

대수학의
찬란한 발전

3차 방정식 풀이 경쟁의 최종 승자는?

기본적인 대수학을 배운 사람이라면 1원2차 방정식 근의 공식의 계수를 공식에 대입하면 해를 구할 수 있다는 사실을 알고 있다. 3차, 4차 방정식에도 근을 구하는 비슷한 공식이 있는데 다만 2차 방정식보다 조금 더 복잡할 뿐이다.

  3차, 4차 방정식의 해법을 발견하는 과정에서 다음과 같은 재미있는 에피소드가 전해 내려온다.

  1494년 이탈리아의 수학자 파치올리(Luca Pacioli, 1445~1509)는 베니스에서 《산술, 기하, 비 및 비례 요약집》을 출판했다. 이 책은 피보나치의 《산술서》에 이어 수학의 모든 분야를 망라한 또 한 권의 명저로서 16세기 유럽 수학의 발전에 크게 기여했다. 특히 이 책은 3차 방정식을 논하고 있는데, 그의 결론은 '3차 이상 고차 방정식은 해를 구할 수 없다'였다.

: 3차 방정식의 해법을 완성한 타르탈리아. 그러나 그 해법의 발견을 놓고 피오르 및 카르다노와 분쟁에 휘말렸다.

파치올리의 결론은 많은 이탈리아 수학자를 3차 방정식의 해법 찾기에 몰두하게 했다. 얼마 후 볼로냐 대학의 수학 교수 페로(Scipione del Ferro, 1465~1526)는 3차 방정식 $x^3+mx=n (m, n>0)$의 대수적 해법을 발견했다고 주장했다. 하지만 당시 학자들 사이에는 자신의 연구 성과를 공개하지 않는 분위기가 형성되어 있었다. 페로 역시 자신이 발견한 방법을 제자 피오르(Antonio Fior)에게만 비밀리에 전수했다.

1535년 이딜리아의 또 다른 수학자 타르탈리아가 자신 역시 3차 방정식의 해법을 발견했다고 주장했다. 그의 본명은 폰타나(Nicolo Fontana, 1499~1557)로 타르탈리아는 '말더듬이'란 뜻의 별명이었다. 타르탈리아의 3차 방정식 풀이 소식이 피오르의 귀에 들어가자 그는 타르탈리아를 허풍쟁이로 치부하며 믿지 않았다. 그래서 두 사람은 1535년 2월 22일 밀라노 대성당에서 3차 방정식의 풀이를 공개적으로 경합하는 내기를 갖기로 약속했다.

이 소식이 퍼지자 타르탈리아는 초조해졌다. 왜냐하면 당시에 그는 $x^3+mx^2=n (m, n>0)$ 형태의 3차 방정식밖에 풀지 못했기 때문이다. 어떻게 하면 일반적인 해법을 완성할 수 있을까? 타르탈리아는 새롭게 연구에 몰두할 수밖에 없었다. 약속한 날이 하루하루 다가오면서 그는 안절부절못하며 밤을 새는 날이 많아졌다. 2월 12일 밤 늘 그랬듯이 책상에 앉아 연구에 몰두하던 그는 날이 밝아오자 잠시 외출에 나섰다. 붉게 충혈된 눈을 비비고 두 팔을 쭉 펴서 신선한 공기를 들이마셨다. 떠오르는 아침 햇살을 바라보던 그 순간 그는 갑자기 뭔가를 깨달았다. 방법을 찾아냈던 것이다! 타르탈리아는 서둘러 방으로 돌아와 방금 전 떠오른 소중한 영감을 적어 내려갔다.

2월 22일 밀라노 대성당 문 앞은 예의 정적을 깨고 몰려든 시민으로 장사진을 이뤘다. 타르탈리아는 자신만만하게 성당으로 들어섰다. 대결이 시작되었다. 서로 상대방에게 30문제를 내고 누가 먼저 더 많이 푸느냐로 승자를 결정하기로 했다. 그 결과 타르탈리아는 두 시간 만에 모든 문제를 다 풀었지만 피오르는 단 한 문제도 풀지 못했다.

타르탈리아가 이겼다는 소식은 순식간에 이탈리아 전역으로 퍼졌다. 많은 사람이 그에게 3차 방정식 푸는 법을 가르쳐달라고 했지만 그는 모두 거절했다. 타르탈리아는 우선 유클리드와 아르키메데스의 저서 번역에 집중하고 자신의 해법을 보완한 뒤에 이를 책으로 엮어 세상에 알리고 싶었다. 하지만 그의 꿈같은 계획은 밀라노의 또 다른 수학자 카르다노에 의해 물거품이 되고 만다.

카르다노(Gerolamo Cardano, 1501~1576)는 밀라노 출신의 의사였다. 그는 도박을 좋아하고 수학에도 조예가 깊었으며 자주 사람들에게 점성술로 점을 쳐주곤 했다.

카르다노는 여러 차례 타르탈리아를 찾아가 3차 방정식의 해법을 알려달라고 간청하며 어떤 일이 있어도 비밀을 누설하지 않겠다고 맹세했다. 그의 정성에 감동한 타르탈리아는 결국 그에게 3차 방정식의 해법을 알려주었다. 하지만 그는 증명은 가르쳐주지 않았다. 아

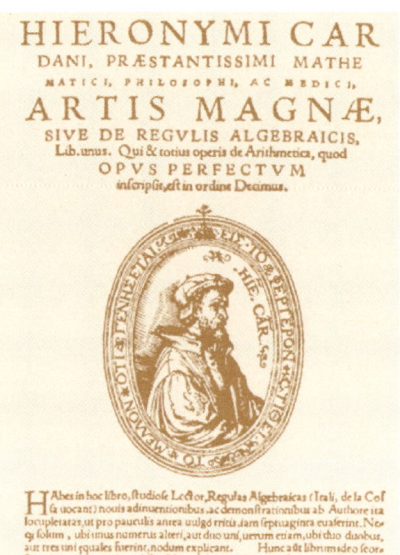

- 카르다노와 그의 저서 《위대한 술법》. 카르다노는 16세기 르네상스 시기 휴머니즘의 대표적 인물이자 '백과사전식' 학자로 유명하다. 그는 일생 동안 총 200여 종의 각종 저서를 남겼는데 내용은 역학, 기계학, 천문학, 화학, 생물학, 비밀술, 점성술 등 광범위하다.

마도 만의 하나 세상에 알려지는 것에 대비하기 위해서였으리라. 이게 1539년의 일인데, 카르다노는 처음 몇 년간 약속을 잘 지켰다. 하지만 1545년 뉘른베르크에서 출판한 《위대한 술법(Ars magna)》에서, 그는 결국 3차 방정식의 해법을 세상에 공개했다.

카르다노는 《위대한 술법》 제11장에 다음과 같이 썼다.

약 30년 전 볼로냐 대학의 페로 교수가 이 해법을 발견하여 베니스의 피오르에게 전수했다. 그는 나중에 타르탈리아와 대결을 가졌는데 타르탈리아 역시 이 방법을 발견했다. 그는 나의 간청에 따라 이 해법을 나에게 가르쳐주었다. 하지만 증명은 밝히지 않았다. 나는 그의 방법을 참고하여 몇 가지 증명을 완성했는데 이것들은 매우 어려웠다.

카르다노가 말한 증명을 간단히 하면 다음과 같다.
$x^3+ax^2+bx=c$ 에서 $x=y-\frac{x}{3}$ 라 두고 대입하면 2차 항이 소거되어
$x^3+mx=n(m, n \rangle 0)$ ·· (1)
형태의 3차 방정식을 얻는다.
두 수 u, v 를 도입하여 $x=u+v$라고 가정하면
$x^3=(u+v)^3=u^3+v^3+3uv(u+v)$
　$=u^3+v^3+3uvx$
여기에서 1차 항인 $3uvx$를 좌변으로 이항하면
$x^3-3uvx=u^3+v^3$ ·· (2)
(1)과 (2)식을 비교하여
$-3uv=m, u^3+v^3=n$을 얻는다.
즉 $u^3v^3=-\frac{m^3}{27}, u^3+v^3=n$이 된다.
근과 계수와의 관계에 의해 u^3과 v^3은 2차 방정식
$Z^2-nZ-\frac{m^3}{27}=0$ 의 두 근이 된다. 이 2차 방정식을 풀면,

$$u^3=\frac{n}{2}+\sqrt{\frac{n^2}{4}+\frac{m^3}{27}}, \quad v^3=\frac{n}{2}-\sqrt{\frac{n^2}{4}+\frac{m^3}{27}}$$

이 된다. 여기에서 세제곱근을 취해 u와 v를 구한 뒤 서로 더하면,

$$x=\sqrt[3]{\frac{n}{2}+\sqrt{\frac{n^2}{4}+\frac{m^3}{27}}}+\sqrt[3]{\frac{n}{2}-\sqrt{\frac{n^2}{4}+\frac{m^3}{27}}}$$

을 얻는다.
타르탈리아는 시의 형식을 빌려 카르다노에게 세 가지 형태의 서

로 다른 3차 방정식의 비밀을 알려주었다고 전해진다. 그중의 시 한 편은 다음과 같다.

> 모두를 세제곱하라, 더한 값은 오른쪽에 두어라.
> 교묘히 두 수를 가정하라, 차는 오른쪽의 합과 같으리라.
> 이 방법을 기억하라, 두 수의 곱을 가정하라.
> 다시 3으로 나눠라, 그리고 세제곱을 취한다.
> 차와 곱을 알면 두 수는 금방 구해지리라.
> 다시 세제곱근을 구하라, 빼면 문제는 끝난다.

후세 사람들은 3차 방정식의 근의 공식을 '카르다노의 공식'이라고 불렀다. 여기에 타르탈리아의 이름은 없었다. 3차 방정식의 해법이 발견된 지 얼마 후인 1540년, 이탈리아의 수학자 고이(Coi)가 카르다노에게 4차 방정식 문제를 제시했다. 그러나 카르다노는 풀지 못했고 대신 그의 제자 페라리(Ludovico Ferrari, 1522~1546)가 이 문제를 해결했다. 그의 해법이 카르다노의 《위대한 술법》에 실렸다.

타르탈리아는 카르다노의 배신에 분노했으며 카르다노가 자신의 업적을 가로챘다고 공개적으로 비난했다. 하지만 카르다노의 입장에서 볼 때 전적으로 카르다노의 표절로 몰아붙이기에는 억울한 면이 있을 수도 있다. 왜냐하면 카르다노 자신이 이 방법은 타르탈리아가 가르쳐주었으며 증명은 알려주지 않았다고 이미 책에 밝히고 있기 때문이다. 카르다노는 타르탈리아의 해법을 일반적인 형태의 3차 방정식으로 확대했고 '증명'까지 덧붙였다.

아벨, 5차 방정식의 대수적 해법은 없다

3차, 4차 방정식의 해를 구하는 공식이 알려지자 수학자의 관심은 자연스럽게 일반적인 5차 또는 그 이상 차수 방정식에도 2차, 3차, 4차 방정식과 마찬가지로 해법이 존재하는지 여부에 쏠렸다. 다시 말하면, $x^n+a_1x^{n-1}+a_2x^{n-2}+\ldots+a_n=0 (n \geq 5)$ 형태의 대수 방정식의 근을, 방정식의 계수에 대한 가감승제와 거듭제곱근 등 대수적 방법만을 유한 횟수 반복하여 구할 수 있는가 하는 여부다.

처음에는 당연히 가능하다고 생각하는 수학자가 많았다. 왜냐하면 3차, 4차 방정식의 성공 사례가 눈앞에 놓여 있기 때문이었다. 처음에는 시행착오를 겪겠지만 조금만 더 노력하면 몇 년 안 가서 해법을 찾아낼 수 있으리라고 믿었다. 그러나 모두의 예상을 뒤엎고 이에 대한 답을 찾기 위해 무려 250년이란 긴 세월이 필요했다. 게다가 이 모든 노력은 실패로 돌아가고 말았다.

수학 역사상 "대수적 방법만으로 5차 이상 고차 방정식의 해를 구할 수 없다"라고 명쾌하게 선언한 최초의 인물은 프랑스의 수학자이자 천문학자인 조제프 라그랑주였다. 라그랑주는 1770년 발표한 《방정식의 대수적 해법에 대한 고찰》에서 지금까지 알려진 2차, 3차, 4차 방정식의 모든 해법을 자세히 논하고 5차 이상 고차 방정식의 경우 이런 방법을 이용하여 근을 구할 수 없다고 말했다. 그는 이 '불가능의 증명'을 밝히려고 노력했으나 허사였다. 결국 라그랑주는 "이 문제는 마치 인간의 지혜를 시험하는 것 같다"고 말하며 자신의 실패를 인정했다.

라그랑주의 책이 발표된 지 반 세기가 흐른 뒤 노르웨이의 젊은 수학자 아벨(Niels Henrik Abel, 1802~1829)이 이 문제에 도전장을 내밀

: 아벨의 초상화. 그는 5차 이상 고차 방정식의 해를 구할 수 없음을 증명했다.

었다. 1824년, 당시 22세의 아벨은 자비를 들여 소책자 《5차 방정식의 일반 해법에 관하여》를 출판했다. 이 논문에서 아벨은 "만약 방정식의 차수 $n \geq 5$이고, 계수 $a_1, a_2, \cdots a_n$을 부호로 볼 때 이들 부호로 구성된 어떠한 무리식(거듭제곱근의 합과 곱)도 방정식의 해가 될 수 없다"라는 사실을 엄밀하게 증명했다. 이로써 5차 이상 고차 방정식의 일반적인 해법은 아벨에 의해 '불가능'으로 결론이 난 셈이다.

아벨은 1802년 노르웨이 출신으로 고등학교 때 훌륭한 수학 선생님 홀름보에(Bernt Holmboe)를 만나는 행운을 가졌다. 노르웨이의 천문학 교수 한스텐(Christopher Hansteen)의 조교였던 홀름보에는 아벨에게 수학의 의의와 수학을 배우는 즐거움을 느끼게 해주었다. 그는 아벨의 뛰어난 수학적 재능을 발견하고 오일러와 라그랑주, 라플라스 등 유명 수학자의 원서를 구해 아벨과 함께 어려운 문제를 토론하며 당시 수학계의 최신 과제를 이해할 수 있도록 도와주었다.

아벨은 1819년인 고등학교 시절 마지막 해부터 5차 방정식을 연구하기 시작했다. 처음에는 일반적인 5차 방정식을 푸는 대수적 방법을 발견했다고 생각했다. 그는 논문을 써서 홀름보에와 한스텐에게 보냈다. 하지만 논문을 제대로 이해하지 못했던 그들은 덴마크의 저명한 수학자 데겐(Carl Ferdinand Degen, 1766~1825)에게 심사를 요청했다.

　데겐 역시 이 논문의 문제점을 발견하지는 못했지만 경험상 이런 결과가 결코 고등학생의 머리에서 쉽게 나올 수는 없다고 생각했다. 그는 논문의 세부 내용에 대해 더 이상 흠을 잡기보다는 아벨의 방법이 구체적으로 어떻게 응용될 수 있을지 알고 싶어했다. 데겐은 아벨에게 보낸 회신에서 두 가지를 당부했다. 첫째 자신의 방법을 근거로 실례를 들 것, 둘째 앞으로는 분석과 역학에 큰 영향을 줄 수 있는 수학 분야, 즉 '타원적분' 연구에 더 심혈을 기울일 것이었다.

　하지만 아벨은 적절한 예를 찾지 못했다. 오히려 자신의 방법에 치명적 오류가 있음을 발견했다. 1823년 여름 아벨은 코펜하겐으로 달려가 데겐과 함께 5차 방정식의 해결 가능성 문제에 대해 심도 있게 토론했다. 이 과정에서 아벨은 문제 해결에 대한 인식 자체를 바꾸게 되었다. 즉 일반적인 5차 방정식에는 2차, 3차, 4차 방정식과 같은 근의 공식이 존재하지 않을 수도 있다는 생각이 들기 시작했다. 왜냐하면 만약 유사한 공식이 항상 존재하고 또 공식들 사이에 상호 관련성이 없다면 이러한 공식은 무한히 많이 존재해야만 하기 때문이다. 하지만 이는 가능성이 낮아 보였다. 이들 공식이 결국에 하나로 통일될 수도 있고 또는 어떤 차수의 방정식부터 근의 공식이 존재하지 않을 수도 있다. 과거 수학자들이 5차 방정식의 해를 구하는 공식을 찾는 데 실패했다면, 왜 반대로 근의 공식이 존재하지 않음을 증명하려고 하지 않는가?

　이러한 접근 방식의 변화는 정말로 획기적이었다! 인식의 전환이 있었기에 앞서 말한 아벨의 위대한 증명이 탄생했고 16세기부터 수많은 수학자를 괴롭혔던 난제도 결국 해결될 수 있었다.

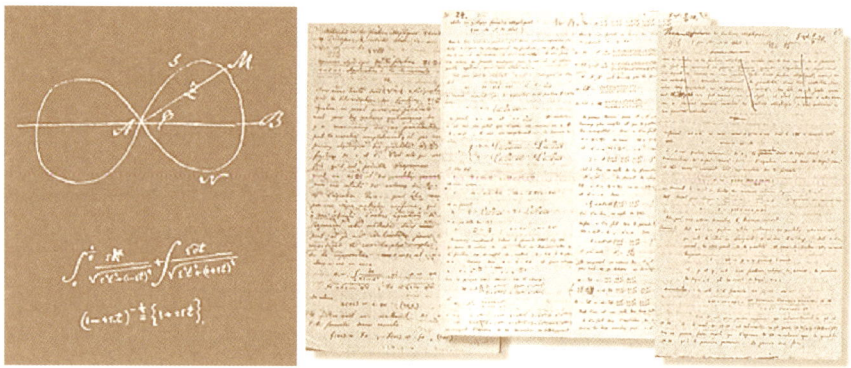

● 타원 함수를 논한 아벨의 논문. 아벨의 이름은 수학사에 찬란히 빛난다. 27년이란 짧은 생애 동안 아벨은 수학에서 두 가지 큰 영역 즉 '타원 함수론'과 '대수 방정식'을 개척했다. 프랑스 수학자 에르미트(Charles Hermite, 1822~1901)는 "아벨은 수학자들이 500년 동안 연구해야 할 과제를 남겼다"라고 말했다.

안타깝게도 이 위대한 성과가 곧바로 아벨에게 명예를 가져다주지는 못했다. 자비로 출판한 소책자는 길이 제한 때문에 그의 핵심적 아이디어를 제대로 담아내지 못했고 사람들을 이해시키지 못했다. 게다가 18세 때 아버지가 세상을 떠나자 가세가 갑자기 기울었다. 아벨은 생활고에 시달렸고 집안 경제를 도맡아야 했다. 하지만 아벨은 남는 시간을 이용해 수학 연구를 계속했다. 그는 데겐의 충고를 잊지 않고 타원적분으로 연구의 방향을 돌렸다. 결국 타원적분의 역연산(inversion)을 이끌어내는 데 성공하여 타원 함수 연구의 새로운 지평을 열었다.

아벨은 평생 가난했고 수학교수 직위도 얻지 못했다. 1829년 봄, 아벨은 과로가 겹치는 바람에 폐렴이 재발해, 결국 4월 6일 노르웨이 프롤란드에서 사망했다. 그로부터 이틀 뒤인 4월 8일, 베를린 대학이 그를 수학교수로 초빙하고 싶다는 편지를 보내왔다. 이듬해 프랑스 과학원은 아벨에게 수학 대상을 수여하여 그가 타원 함수 영역에서 이룬

빛나는 업적을 기렸다. 하지만 이 모든 것이 너무나 늦게 이루어졌다.

아벨 탄생 200주년을 맞이한 2002년 1월 1일, 노르웨이 정부는 총 상금 2,200만 달러의 아벨 기금을 조성하여 매년 한 차례 아벨 상을 수여한다고 발표했다. 아벨의 이름은 역사 속에 영원히 기억될 것이다.

: (위)아벨 기념우표. (아래)노르웨이 크로네화(貨)에 등장하는 아벨.

불행한 수학자 갈루아가 남긴 방정식의 군론

아벨의 증명은 5차 이상 고차 방정식의 일반적인 대수적 해법이 존재하지 않음을 제시했다. 하지만 이는 대수 방정식의 해결 가능성에 대한 연구가 성공했다는 의미는 아니다. 오히려 더욱 어려운 과제를 후대에게 던져주었다. 왜냐하면 무리식을 이용해 풀 수 있는 특수한 방정식이 여전히 많이 있었기 때문이다.

따라서 남은 과제는 무리식을 이용하여 근을 구할 수 있는 방정식은 어떤 형태인지 찾아내는 일이었다. 아벨이 못 다한 대업은 프랑스의 '괴짜' 청년 갈루아(Evariste Galois, 1811~1832)가 이어받았다.

갈루아는 1811년 파리 근교에서 태어났다. 그는 로베스피에르, 빅토르 위고 등 프랑스 근대사의 유명 인물을 다수 배출한 명문 루이르 그랑(Louis-le-Grand) 왕립학교를 졸업했다. 그러나 개성이 유별났던 갈루아는 교사들의 케케묵은 교육 방식을 전혀 받아들이지 못했다. 다행히 수학교사였던 베르니에의 훌륭한 수업 덕분에 그는 수학에 흥미를 느꼈다.

베르니에 선생님의 지도로 갈루아는 수학 교과서를 단숨에 독파했다. 그리고 혼자 힘으로 르장드르, 라그랑주, 코시, 가우스 등 당대 유명 수학자의 저서를 공부해나갔다. 대학자가 쓴 책을 직접 공부했다는 점에서 갈루아와 아벨의 성공 비결은 동일하다. 즉 대학자의 탁월한 아이디어와 영감은 읽기 쉽게 다듬은 교과서가 아닌 그들의 저서 속에 살아 숨 쉬고 있기 때문이다.

다음은 갈루아의 학업 성적표에 담긴 교사의 평가다. 여기에서 그의 수학적 재능을 엿볼 수 있다.

> 이 학생의 관심사는 오로지 최첨단 수학뿐입니다. 이 아이는 수학의 열병을 앓고 있습니다. 만약 그의 부모님께서 수학 이외에 어떤 공부도 시키지 않는다면 최상의 결과를 가져올 수 있으리라 생각합니다.

갈루아는 17세 때 《아날 드 제르곤(Annales de Gergonne)》지에 '연분수(정수와 분수의 합으로 표현된 수-역주)'에 관한 자신의 첫 번째 논문을 발표했다. 원래 출발이 좋으면 성공에 대한 기대도 높아지게 마련이다. 그러나 안타깝게도 갈루아는 그 뒤 연이은 불행에 빠지고 말았다.

수학에 대한 미련과 자신감 때문에 갈루아는 19세기 프랑스 수학자의 요람으로 불리던 파리 이공대학(Ecole Polytechnique)에 지원했다. 첫 번째 면접 시험에서 갈루아는 지나친 자부심이 화근이 되어 문제에 상세한 답변을 달지 않아 탈락하고 말았다. 두 번째 시험에서는 까다로운 면접관을 만나 자존심에 큰 상처를 입자 갈루아는 화를 참지 못하고 칠판지우개를 면접관의 얼굴에 던져버렸다. 결국 갈루아는 이 수학의 전당과 더 이상 인연이 없었다. 하지만 불행은 여기에서 끝이 아니었다. 그가 쓴 논문 두 편이 프랑스 과학원에 의해 거부당했을 뿐만 아니라 논문의 원고 역시 석연찮은 이유로 분실되고 말았다.

1829년 갈루아는 고등 사범대학에 입학하여 수학 연구에 집중할 수 있게 되었다. 하지만 그해 6월, 파리 근교 도시의 시장이었던 그의 아버지가 교회의 모욕적인 비난을 받은 데 분노하여 자살을 선택하는 사건이 발생했다. 두 차례의 입시 실패와 원고 분실, 교회의 모욕 등으로 갈루아의 마음속에는 증오가 쌓여갔고, 이는 공화주의에 대한 열렬한 신봉으로 바뀌었다.

1830년 초반, 갈루아는 프랑스 과학원의 수학상을 수상하기 위해 5차 방정식에 관한 또 한 편의 논문을 제출했다. 이 논문은 5차 방정식의 해법을 담고 있지는 않지만 갈루아의 탁월한 아이디어를 보여주었다. 프랑스의 수학자 오귀스탱 코시(Augustin Louis Cauchy, 1789~1857)마저 수상 자격이 충분하다고 극찬할 정도였다.

이 논문은 과학원의 종신 간사였던 푸리에(Jean B. J. Fourier, 1768~1830)가 심사했지만 그는 심사 보고서를 다 끝마치기 전에 세상을 떠났고 이 논문 역시 사라지고 말았다. 이어 정치 소동에 가담했다는 이유로 갈루아는 학교에서 퇴학을 당했다. 그는 생계 유지를 위해 개인 교사 자리를 알아봤지만 당시 프랑스의 시국이 어지러워 수학을 배우려는 사람은 없었다. 하지만 갈루아는 더욱더 수학 연구에 몰두했다. 그는 이 시기에 자신의 가장 유명한 세 번째 논문 〈거

: 갈루아와 그의 모교 '루이 르 그랑 왕립학교'. 젊은 수학자 갈루아는 여러 차례의 불행한 일을 겪으면서도 수학 연구에 매진하여 방정식에 관한 논문을 발표했지만 당시 수학계로부터 외면당했다.

듭제곱근식을 이용하여 근을 구할 수 있는 방정식의 조건〉을 작성하여 1831년 1월 프랑스 과학원에 제출했다.

이는 갈루아가 수학계로부터 인정받을 수 있는 마지막 기회나 다름없었다. 하지만 3월이 되도록 과학원 측으로부터 아무런 연락도 없었다. 갈루아는 완전히 절망하여 수학을 포기하기로 결심했다. 이 좌절한 천재는 공화제를 수호하겠다는 일념으로 국민군 포병대에 가입했다. 그 결과 두 번 체포되었는데, 첫 번째는 무죄로 풀려났으나 두 번째는 6개월간 복역했다. 석방된 지 얼마 후 그는 한 여성을 두고 결투에 휘말렸다.

1832년 5월 29일 결투 전날 밤 갈루아는 죽음을 생각했다. 그는 이 세상에 더 이상 미련이 없었다. 하지만 과학원에서 거부당한 성과물이 영원히 잊힐까 두려웠다. 갈루아는 펜을 들어 논문의 핵심적인 내용을 서둘러 써 내려갔고 한밤중이 되어서야 계산을 끝마칠 수 있었다. 그리고 친구에게 만약 자신이 죽으면 이 논문을 유럽 최고의 수학자들에게 보내달라는 부탁 편지를 작성했다.

다음 날인 1832년 5월 30일 새벽, 갈루아와 그의 연적은 인적이 드문 황야에서 일대일로 마주섰다. 두 사람의 거리는 25걸음! 권총을 들고 이어 방아쇠를 당겼다. 권총 소리가 울려퍼졌다. 상대방은 여전히 서 있었지만 갈루아는 복부에 총을 맞고 바닥에 쓰러졌다. 그는 병원으로 옮겨졌지만 그 다음 날 끝내 숨을 거두고 말았다. 역사학자들은 이 결투가 비참한 애정 사건에 의한

: "서서히 총을 들고…… 이어서 발사……." 연기가 흩어지자 갈루아는 피를 흘리며 쓰러졌다. 이 천재 수학자는 잔인하고 어리석은 결투에서 목숨을 잃고 말았다.

비극인지 아니면 정치 투쟁에 의한 살인인지 논쟁을 벌이기도 했다. 하지만 어느 경우든 한 천재 수학자가 21세란 젊은 나이에 생을 마감했다는 사실은 변함이 없었다. 게다가 그의 수학 연구 기간은 겨우 5년에 불과했다.

수학계로부터 외면당한 갈루아의 논문은 과연 어떤 내용을 담고 있었을까? 1843년 7월 4일, 리우빌(Joseph Liouville, 1809~1882)은 프랑스 과학원 강연에서 다음과 같이 말했다.

> 부디 저의 발언이 과학원의 관심을 끌기를 희망합니다. 갈루아가 쓴 논문 속에서 저는 다음 문제들에 대한 정확하고 심오한 해답을 발견했습니다. ……은 거듭제곱근식으로 해결 가능한가? …(중략) 그러나 모든 것이 다 바뀌었습니다. 갈루아는 이제 돌아오지 않으니까요! 이제 더 이

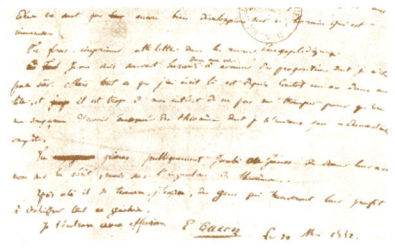

: 결투 전날 밤 갈루아가 친구에게 쓴 편지. 글을 마친 시각은 1832년 5월 29일 밤이다. 그는 편지 말미에 다음과 같이 썼다. "야코비 또는 가우스에게 이 정리의 정확성 여부가 아닌 중요성에 대한 견해를 발표해달라고 부탁해주게. 그리고 많은 사람들이 알았으면 좋겠네. 이를 명확히 정리하면 분명 의미 있는 일이 될 거란 사실을 말일세."

: 수학 특히 추상 대수학 이론에서 에바리스트 갈루아의 이름을 딴 '갈루아 이론'은 '체(體, field) 이론'과 '군론'의 관계를 설명해준다. 갈루아 이론을 이용하면 체의 일부 문제가 더욱 간단하고 이해하기 쉬운 군론 문제로 바뀐다.

상 그에 대한 의미 없는 비난은 삼가주십시오. 이제는 안타까움을 뒤로하고 가치 있는 일을 찾아나갑시다. …(중략) 저의 열정은 보답을 받았습니다. 일부 미세한 결함을 보완한 후 저는 갈루아가 이 아름다운 정리를 증명하기 위해 사용한 방법이 완전히 정확하다는 사실을 발견했습니다. 그 순간 저는 강렬한 희열을 느꼈습니다.

갈루아가 후세에 남긴 가장 핵심적인 개념은 바로 '군(群, group)'이다. '군'이란 무엇인가?

만약 수학을 하나의 시스템으로 본다면 이 시스템의 주요 성분은 '원소(element)'와 '연산(operation)'이다.

가령 (1) 원소는 모든 정수(양수, 음수, 0)이고, (2) 연산은 덧셈이다.

이런 시스템이 다음 네 가지 성질을 만족하면 군이라 부른다.

① 시스템 안의 임의의 두 원소(반드시 다를 필요는 없다)에 대해 규정된 연산을 수행하여 얻은 결과가 여전히 시스템 안의 한 원소다.

② 시스템 안에 반드시 '항등원(恒等元)'을 포함한다. 항등원이란 '시스템 안의 임의의 한 원소와 연산했을 때 그 결과가 여전히 처음의 원소와 같도록 만들어주는 원소'를 말한다.

③ 모든 원소는 반드시 하나의 '역원(逆元)'을 가져야 한다. 역원이란 '시스템 안의 임의의 한 원소와 연산하여 얻은 결과가 항등원이 되도록 만들어주는 원소'를 말한다.

④ '결합 법칙'이 반드시 성립해야 한다. a, b, c가 시스템 안의 임의의 세 원소라 가정하고 시스템 안의 주어진 연산을 ＊라고 표시하자. 이때 결합 법칙이란 (a＊b)＊c = a＊(b＊c)를 의미한다.

군은 매우 추상적인 개념이다. 시스템 안의 원소는 반드시 수(數)가 아니어도 상관없다. 운동이나 동작 또는 기타 사물도 가능하다. 또한 연산 역시 반드시 덧셈이나 곱셈 또는 일반적인 연산이나 대수학적 계산일 필요는 없으며 다른 어떤 방법도 괜찮다. 우리는 수학의 대상을 수에 한정지을 필요가 없으며 연산이 반드시 가감승제여야만 할 이유가 없다. 이처럼 수학의 영역을 크게 확대할 수 있다.

이 책에서 군의 흥미로운 성질을 상세히 설명하기는 어렵다. 다만 우리는 '군'의 언어를 사용하여 갈루아가 이뤄낸 훌륭한 결론을 다음과 같이 설명할 수 있다.

갈루아의 가해성(可解性, solvability) 이론

하나의 방정식에 대해, 이 방정식의 계수를 포함한 부분의 군이 만약 가해군(可解群, solvable group)이라면 이 방정식은 거듭제곱근을 이용하여 근을 구할 수 있다. 또한 오직 이런 조건 하에서만 근을 구할 수 있다. 한 가해군의 조성열 수는 모두 소수(素數)이다.

방정식의 차수	조성열
2	2
3	2, 3
4	2, 3, 2, 2
5	2, 60
6	2, 36
7	2, 2520

하나의 방정식이 주어지면 이 방정식은 가해군을 오직 하나만 확정한다. 그리고 이 가해군의 조성열(組成列, composition series) 역시 구하는 방법이 있는데, 위의 표는 방정식의 차수가 2, 3, 4, 5, 6, 7차일 때의 조성열을 보여준다. 2, 3, 4차일 때 조성열의 수는 모두 소수다. 그러나 5차 방정식 이상의 경우 모든 수가 소수인 것은 아니다. 이는 무리식을 이용하여 5차 이상 고차 방정식의 해를 구할 수 없는 원리를 설명해준다.

: (위) 프랑스가 발행한 갈루아 기념우표. (아래)갈루아의 이름을 딴 고등학교 교내에 세워진 갈루아 조각상.

대수학의 혁명 해밀턴의 4원수 (quaternions) 발명

유럽은 16세기까지도 완전제곱식에 의한 2차 방정식의 풀이에 머물러 있었다. 그들은 제곱근 계산을 임의의 수로 확대하고자 했고 그 과정에서 복소수를 만나게 되었다(당시에는 '허구의 수'라고 불렀다).

예를 들어 카르다노는 《위대한 술법》에서 10을 두 부분으로 나누되 곱이 40이 되게 할 수 있다고 말했다. 즉 방정식 $x(10-x)=40$의 두 '근'으로 $5+\sqrt{-15}$와 $5-\sqrt{-15}$를 얻었다. 이런 신비한 수에 대해 카르다노는 "그다지 큰 양심의 가책을 느낄 필요가 없다. 산술이란 이처럼 오묘하게 풀어나가야 한다. 산술의 목표는 성현이 말하듯 정밀하며 반드시 유용하지만은 않다"라고 말했다.

봄벨리(Rafael Bombelli, 1526~1572) 역시 비슷한 곤경에 처했다. 그는 현대적 표기와 비슷하게 복소수의 네 가지 계산을 규정했지만 여전히 수학자들은 복소수를 '쓸모없는 수' '기괴한 수'로 취급했다. 데카르트 역시 복소수근을 '허구의 수'라고 부르며 받아들이지 않았다. 심지어 뉴턴마저 허근의 의미를 인정하지 않았다. 복소수의 출현에 대한 이 같은 강한 배척은 라이프니츠의 다음 글에 잘 나타나 있다.

> 성령께서 분석을 하는 과정에 범속을 초월한 계시를 보여주셨다. 그것은 바로 저 이상세계의 전조다. 존재와 존재하지 않음 사이에 나타난 양쪽 모두에 걸쳐 있는 무언가, 우리는 이를 허구의 −1의 제곱근이라 부른다.

1797년 노르웨이의 측량기사 베셀(Caspar Wessel, 1745~1818)은 복소수를 인지하는 데 중요한 진전을 이뤘다. 베셀은 〈벡터에 관한 분석 표시, 하나의 시도〉라는 논문에서 하나의 허수축을 도입하고 $\sqrt{-1}$을 하나의 단위로 삼았다. 이것이 바로 오늘날 우리가 배우고 있는 복소수의 기하학적 표시 방법이다. 복소수가 받아들여지게 된 데에는 가우스의 노력이 컸다. 가우스는 복소수의 기하학적 표시야말로 허수에 대한 새로운 인식이라고 말했다.

그는 '허수(imaginary number)'에 대응하여 '복소수(complex number)'라는 용어를 도입했고 $\sqrt{-1}$ 대신 기호 'i'를 사용했다.

벡터(vector)는 힘과 속도, 가속도를 나타내며 크기와 방향을 가지는 선분이다. 벡터가 수학에 도입되면서 '벡터를 나타내는 대수학적 형식'으로서 복소수가 채택되었다. 그러나 복소수는 동일한 평면 위에서 물체가 힘을 받는 상황만 표시할 수 있었다. 만약 하나의 물체 위에 작용하는 여러 힘이 동일한 평면 위에 있지 않다면 복소수가 아닌 3차원의 다른 무언가로 표시해야만 한다. 그렇다면 평면이 아닌 공간을 표시하는 대수학적 형식에는 무엇이 있을까? 수학자들은 이른바 '3차원의 복소수'를 찾기 시작했다. 이에 크게 기여한 사람이 바로 아일랜드의 수학자 해밀턴(William R. Hamilton, 1805~1865)이다.

어린 시절 해밀턴은 보통 사람이 결코 따라올 수 없는 천재적인 언어 재능을 보였다. 다섯 살 때 라틴어와 그리스어, 히브리어를 할 줄 알았고 여덟 살 때 이탈리아어와 프랑스어를 마스터했다. 열 살 때부터 범어를 배웠고 심지어 중국어도 공부했다. 그러나 열네 살 때 미국에서 온 속셈의 천재 소년의 '묘기'를 본 이후 해밀턴은 더 이상 의미 없는 외국어 공부에 시간을 낭비하지 않게 되었다. 그는 수학의 매력에 푹 빠져들었다. 열일곱 살 때 혼자 힘으로 미적분을 공부하여 수학을 깨우쳤고 충분한 천문학 지식을 습득했다.

1823년 해밀턴은 더블린 트리니티 대학에 입학했고 1827년 발표한 논문 〈광속 이론〉에서 '기하광학'이라는 과학을 정립했다. 이 논문은 《아일랜드 왕립과학원 학회지(the Journal of the Royal Irish Academy)》에 실렸고 이로 인해 해밀턴은 트리니티 대학의 천문학 교수가 되었다. 그는 또한 아일랜드 왕실 천문학자의 직함도 얻었기 때문에 물리학자로서 당시 다른 수학자보다 훨씬 높은 인기를 누리고 있었다.

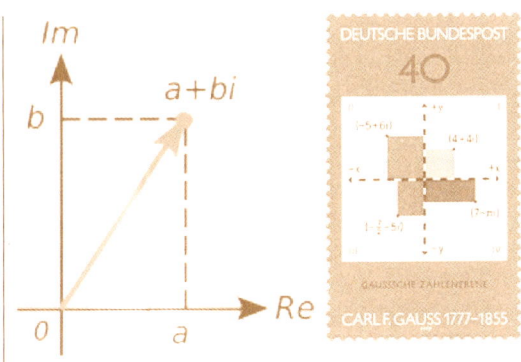

: 복소수의 기하학적 표시는 복소수를 이해하는 중요한 전환점이 되었다.

해밀턴은 복소수를 확대하기 위해 복소수를 실수의 순서쌍(ordered pair)으로 처리하는 일부터 시작했다. 1837년 해밀턴은 〈공액함수와 순수시간으로서 과학의 대수(Theory of conjugate functions, or algebraic couples; with a preliminary and elementary essay on algebra as the science of pure time)〉라는 논문에서 먼저 복소수 부호의 실질적 의미에 대해 설명했다. 그는 복소수 $a+bi$가 2+3과 같은 의미의 합과 다르며 덧셈기호(+)의 사용은 역사적 우연일 뿐 bi는 결코 a에 더할 수 없다고 말했다. 복소수 $a+bi$는 단지 실수의 순서쌍 (a, b)를 가리키며 이런 의미에서 복소수의 사칙연산은

$(a, b) \pm (c, d) = (a \pm c, b \pm d)$

$(a, b) \cdot (c, d) = (ac-bd, ad+bc)$

$\dfrac{(a, b)}{(c, d)} = (\dfrac{ac+bd}{c^2+b^2}, \dfrac{bc-ad}{c^2+b^2})$ 이어야 한다고 주장했다.

이처럼 일반적인 결합 법칙과 교환 법칙, 분배 법칙을 유도해낼 수 있었다.

: 해밀턴은 아일랜드의 수도 더블린에서 태어났다. 어릴 때에는 더블린 교외 북동부에 위치한 트림(Trim)에서 교육을 받았다. 사진은 해밀턴이 유년기를 보냈던 집이다.

해밀턴은 복소수의 개념을 명확히 했고 이를 바탕으로 3차원 공간을 나타내는 수를 유도해낼 수 있는 방향을 정확히 잡을 수 있었다. 그는 먼저, 어차피 복소수의 확장이므로 이 새로운 수는 '$a+bi+cj$' 형식이 자연스럽다고 생각했다. 그러나 해밀턴은 새로운 난관, 즉 '가군(加群, module) 법칙' 문제에 부딪혔다.

우리는 두 켤레 복소수의 곱의 절댓값이 각각의 절댓값의 곱과 같다는 사실을 알고 있다. 즉, $|zz_1|=|z||z_1|$; $|z^2|=|z|^2$이다. 3차원 복소수 $a+bi+cj$에 대해 만약 $|(a+bi+cj)^2|=|a+bi+cj|^2$이 성립하려면 반드시 $ij=0$이어야 한다. 그러나 $|i|=1$, $|j|=1$이라면 어떻게 $|ij|=0$일 수 있겠는가?

그래서 해밀턴은 $ij=k$, $ji=-k$라고 가정했다. 이렇게 되면 교환 법칙은 성립하지 않지만 위의 '가군 법칙' 문제는 해결된다. 그렇다면 갑작스럽게 등장한 이 k는 도대체 어떤 수일까? 해밀턴은 3차원 복소수의 일반적인 곱셈을 고려하지 않을 수 없었다.

$(a+bi+cj)(x+yi+zj)$
$=(ax-by-cz)+(ay+bx)i+(az+cx)j+(bz-cy)k$

그는 이 곱셈에서 '가군 법칙'이 성립함을 발견했다. 만약 k를 단위벡터 $1, i, j$에 동시에 수직인 새로운 단위 벡터라고 가정한다면 위의 등식은 '3차원 공간에 속하는 두 벡터의 곱은 4차원 공간의 벡터'임을 의미한다. 과연 이보다 더 절묘한 아이디어가 있을 수 있을까?

이로써 해밀턴은 '3차원 복소수' 대신 새로운 수 '$a+bi+cj+dk$'를 연구하기 시작했다. 그는 10여 년에 걸친 길고 힘겨운 연구 끝에 드디어 문제 해결의 영감을 얻었다!

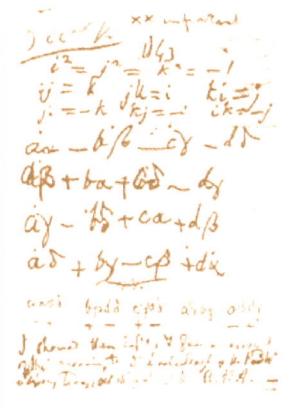
: 해밀턴이 '4원수'를 묘사한 원고.

때는 1843년 10월 16일 해질녘이었다. 해밀턴은 부인과 함께 더블린에 위치한 아일랜드 왕립학회의 한 회의에 참석했다. 브로엄교(Brougham Bridge)를 향해 걷고 있을 무렵, 오랫동안 고민해오던 문제의 실마리가 번개같이 뇌리를 스치고 지나갔다. 그는 훗날 "바로 이 순간 내 머릿속의 아이디어 회로에 강한 전기가 통했다. 거기에서 얻은 소중한 힌트가 바로 i, j, k 사이의 기본 방정식이었다"라고 술회했다. 해밀턴은 이 과정에서 어쩔 수 없이 두 가지를 양보해야 했다.

: 놀러 온 사람과 애완견이 보이고 벽에는 넝쿨풀과 그림이 가득하다. 이 모든 풍경이 그다지 아름답지는 않아 보인다. 하지만 이곳이 바로 '4원수'의 탄생을 지켜본 성지(聖地), 브로엄교(Brougham Bridge)다.

: 다리 위 동판에 새겨진 글의 내용. 해밀턴이 브로엄교를 지날 때 4원수에 대한 영감을 얻었다.

제7장 대수학의 찬란한 발전 _____ 187

   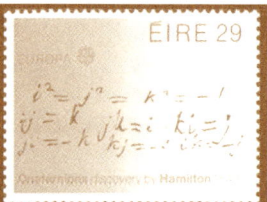

: 인생의 마지막 22년 동안 해밀턴은 줄곧 4원수를 연구했고, 또한 4원수가 동역학과 천문학, 광학 이론에 어떻게 응용되는지 탐구하여 큰 업적을 남겼다. 사람들은 '4원수는 뉴턴의 《프린키피아》 이후 과학계에 대한 가장 큰 기여'라고 평가했다. 하지만 해밀턴은 항상 겸손해했다. 그는 "나는 오랫동안 프톨레마이오스가 그의 위대한 천문학 스승 히파르코스를 '끊임없이 일하고 열정적으로 진리를 추구했던 사람'으로 묘사한 것을 잘 알고 있습니다. 저의 묘지명도 이렇게 쓰인다면 더 바랄 게 없습니다"라고 말했다.
(위 오른쪽) 아일랜드가 발행한 해밀턴 기념우표. (위 왼쪽) 1835년 해밀턴은 영국 왕립학회가 수여하는 여왕의 메달을 받았다. (아래 오른쪽) 2005년 해밀턴 탄생 2백 주년을 기념하여 한정 판매한 기념 은화.

첫째, 새로운 수는 반드시 4개의 성분을 가져야 한다.

둘째, 새로운 수는 반드시 곱셈의 교환 법칙을 포기해야 한다.

이 두 가지는 대수학에서 혁명적인 발상의 전환이었다. 그는 이 새로운 수 $a+bi+cj+dk$ (a, b, c, d는 모두 실수)를 '4원수'라고 불렀다.

1843년 해밀턴은 아일랜드 왕실과학원 회의에서 4원수의 발명을 공식 발표했다. 이는 지난 15년간 끊임없는 노력의 결정체이며 그후 22년에 걸친 연구의 출발이었다. 한 영국인은 다음과 같이 해밀턴을 극찬했다.

뉴턴의 발견은 그 어떤 영국의 왕보다 더 영국과 전 인류에 기여했다. 우리는 1843년 해밀턴의 4원수 발견이 인류에게 가져다준 혜택이 빅토리아 여왕 시기 그 어떤 주요 사건만큼이나 중요하다는 사실을 믿어 의심치 않는다.

수학의 상상력은 전통 방식의 굴레를 벗어나기만 하면 무한한 창조력을 갖는다. 해밀턴의 4원수 발명은 수학계에 새로운 지평을 열어주었다. 실수와 복소수의 '교환 법칙'을 포기하고 새로운 의미와 역할을 갖는 수를 만들었으므로, 한 걸음 더 나아가 실수와 복소수의 통상적 성질을 넘어서는 인위적인 새로운 수도 만들 수 있게 된 것이다. 이로써 추상 대수학으로 향하는 '대문'이 활짝 열리게 되었다.

제8장
비(非)유클리드 기하학 혁명

유클리드 이후 기하학이란 2차원의 평면 기하학 또는 3차원의 공간 기하학, 즉 유클리드 기하학을 의미했다. 19세기 초반 이후, 수학의 발전과 응용은 4차원 또는 그 이상의 기하학을 필요로 했다. 기존 유클리드 기하학의 기호를 다시 검토함으로써 평행선 공리와 그밖의 다른 공리의 독립성이 밝혀졌고 로바체프스키의 쌍곡적 기하학, 리만의 구면 기하학 등 비유클리드 기하학이 탄생했다. 이로써 기하학이 한 걸음 더 진보하는 계기를 마련했다.

비(非)유클리드
기하학 혁명

유클리드의 절대 권위에 대한 도전

유클리드는 기원전 300년경 불후의 명작 《기하학 원론》을 완성했다. 《기하학 원론》에서 유클리드는 몇 가지 공리와 공준을 만들고 여기에서 모든 명제를 유도하고 증명했다. 그 후 2천여 년 동안, 이 위대한 저서는 전 세계에 널리 퍼졌고, 많은 수학자가 유클리드 기하학이 절대 진리라고 믿었다.

예를 들어 뉴턴의 스승 배로는 다음 여덟 가지 이유를 들어 유클리드 기하학을 적극 옹호했다. ① 개념이 분명하다, ② 정의[*]가 명확하다, ③ 공리[**]가 직관적이고 신뢰할 만하며 보편적으로 성립한다, ④ 공준[***]

---

[*] 정의(definition) 개념을 설명하기 위해 언어로 표현하는 정확한 규정
[**] 공리(axiom) 누구든지 진리로서 승인하는 개념으로 이론의 전개에서 제일 먼저 근거가 되는 기본적인 명제
[***] 공준(postulate) '승인을 요청하는 명제'란 뜻으로 공준은 기하학에 국한되는 특수한 명제이며, 공리는 일반적으로 사용하는 명제라는 차이점이 있음.

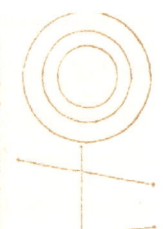

• 유클리드 《기하학 원론》의 '공준'은 기하학이라는 건물의 주춧돌과 같다.

*은 분명하고 신뢰할 수 있으며 쉽게 상상할 수 있다, ⑤ 공리의 수가 적다, ⑥ 값을 이끌어내는 방식이 쉽게 받아들여진다, ⑦ 증명 순서가 자연스럽다, ⑧ 미지의 사물을 피할 수 있다. 따라서 배로는 미적분을 포함한 수학이 기하학을 토대로 구축되어야 한다고 강력히 주장했다.

그러나 과학의 바이블이라 부를 만한 유글리드 기하학이 완진무결하지는 않았다. 기원전 3세기부터 18세기 말까지, 수학자들은 유클리드 기하학의 완벽함과 정확함을 믿어 의심치 않았으나 의구심을 떨칠 수 없는 한 가지가 있었다. 이는 바로 《기하학 원론》의 제5공준이다.

공준 5. 두 직선이 한 직선과 만날 때 같은 쪽에 있는 두 내각의 합이 180°보다 작으면 두 직선을 무한히 연장했을 때 반드시 그 쪽에서 만난다.

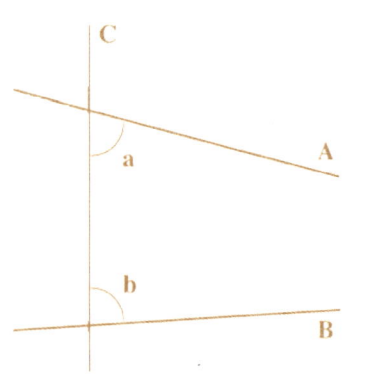

• 유클리드의 제5공준에는 증명할 수 없는 의문점이 있었다. 이로 인해 제5공준을 증명하기 위한 수학자들의 노력이 이어졌다.

이에 대한 의문점은 크게 두 가지다.

의문점 1. 내용이 길고 간결하지 않다.

의문점 2. 비교적 늦게 나왔고 단 한 차례만 사용되었다.

이 한 차례가 바로 《기하학 원론》 제1권 제29번 명제 '평행선 성질의 정리'를 증명할 때 반증법의 근거로서 사용되었을 때다. 그 뒤로는 더 이상 사용된 예가 없다.

평행선 성질의 정리: 한 직선과 두 평행선이 서로 만났을 때 엇각은 서로 같고, 동위각도 서로 같으며 같은 쪽 내각의 합은 180°이다.

따라서 사람들은 유클리드가 이 명제를 공준에 넣은 이유에 대해 '그 자체로서 증명할 필요가 없기 때문이 아니라 유클리드 본인이 증명을 못했기 때문'이라고 의심할 수밖에 없었다.

제5공준 '증명'을 위한 수학자들의 노력

이 때문에 고대 그리스 시대부터 많은 수학자가 제5공준에 대한 의구심을 떨쳐버리려는 노력을 계속해왔다. 고대 그리스의 수학자 프로클로스(Proclus, 412~485)는 "제5공준은 공준의 자격을 박탈해야 한다. 왜냐하면 너무나 많은 문제점을 안고 있기 때문이다"라고 말하기도 했다. 아라비아의 기하학에도 제5공준의 증명 가능성에 관한 토론이 있었다. 가

∙ 신(新)플라톤주의자 프로클로스의 저서 《기하학 원론》 제1권 주해》는 지금까지 완전한 형태로 전해 내려온다.

: 평행선의 공리를 제시한 플레이페어.

: 피타고라스의 정리 역시 제5공준과 등가다!

령 오마르 하이얌은 《유클리드 〈기하학 원론〉의 공준에 대한 주해》를, 알투시는 《평행선 관련 의문점 해소에 대한 토론》(1250)을 저술했다. 이후에도 많은 수학자가 제5공준의 증명을 제시하려고 노력했다. 그러나 이들 '증명'의 대부분은 제5공준과 등가(等價)인 명제, 즉 '동치(同値, logical equivalence)'를 증명했을 뿐이다. 동치(또는 '등가명제')란 무엇인가? 가령 공리 체계 Σ에서 두 명제 P_1, P_2에 대해 $\Sigma+P_1 \Rightarrow P_2$이고 동시에 $\Sigma+P_2 \Rightarrow P_1$이 성립할 때 P_1, P_2를 동치라고 한다.

제5공준과 동치인 명제로는 다음과 같은 것들이 있다.

(1) 삼각형의 내각의 합은 180°이다.
(2) 평면 위에 있는 한 직선의 사선(斜線)과 수선은 서로 교차한다.
(3) 삼각형의 세 꼭짓점에서 각각의 대변에 그은 수선은 한 점에서 만난다.
(4) 삼각형의 합동
(5) 피타고라스의 정리
(6) 닮은꼴의 삼각형은 존재한다.

제5공준과 등가인 많은 명제 가운데 스코틀랜드 수학자 플레이페어(John Playfair, 1748~1819)가 제시한 다음 공리가 오늘날 가장 널리 사용된다.

한 점을 지나고, 그 점을 지나지 않는 직선과 평행한 직선은 오직 하나밖에 없다.

이 명제는 제5공준보다 더 직관적이고 쉽게 받아들여진다. 이는 오늘날 '평행선의 공리'(그의 이름을 따서 '플레이페어의 공리'라고도 한다-역주)로 불린다.

르네상스는 고대 그리스 학문에 대한 관심을 불러일으켰다. 이에 고무된 유럽의 수학자는 《기하학 원론》 연구에 매진했고 무엇보다 제5공준의 증명에 심혈을 기울였다.

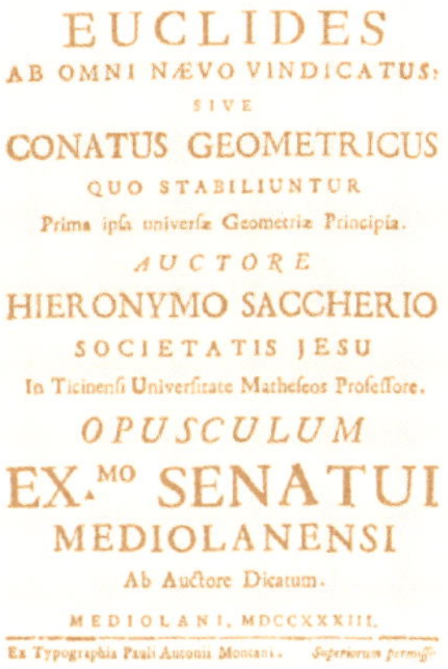
EUCLIDES
AB OMNI NÆVO VINDICATUS:
SIVE
CONATUS GEOMETRICUS
QUO STABILIUNTUR
Prima ipſa univerſæ Geometriæ Principia.
AUCTORE
HIERONYMO SACCHERIO
SOCIETATIS JESU
In Ticinenſi Univerſitate Matheſeos Profeſſore.
OPUSCULUM
EX.MO SENATUI
MEDIOLANENSI
Ab Auctore Dicatum.
MEDIOLANI, MDCCXXXIII.
Ex Typographia Pauli Antonii Montani. Superiorum permiſſu.

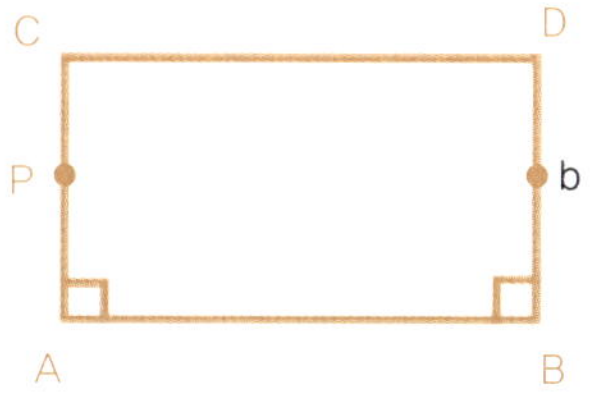

• 사케리가 라틴어로 쓴 책 《모든 결점을 제거한 유클리드(Euclides ab omni naevo vindicatus)》. 아래 그림은 사케리 사각형.

1733년 이탈리아 수학자 사케리(Girolamo Saccheri, 1667~1733)는 자신의 저서에서 유명한 '사케리 사각형'을 도입하고 귀류법을 이용하여 제5공준을 증명하고자 했다.

그는 다음의 결과를 발견했다.

(1) ∠C와 ∠D가 직각이면 평행선 공준과 등가이다.

(2) ∠C와 ∠D가 둔각이면 모순이다.

(3) ∠C와 ∠D가 예각이면 P와 b는 무한히 먼 공통점에서 공통의 수선을

: 람베르트는 《평행선 이론》에서 '사케리 사각형'을 이용하여 제5공준을 증명했다.

갖게 된다.

(3)에서 도출된 모든 결과는 모순되지 않는다. 그러나 사케리는 이들이 합리적이지 않다고 생각하여 예각 가설은 참이 아니라고 판단했다.

람베르트(Johann Heinrich Lambert, 1728~1777)는 재봉사의 아들로 태어났다. 열두 살 때 가정 형편이 어려워 공부를 그만두고 일을 시작했다. 하지만 강인한 의지력으로 독학을 하면서 재능을 키워나갔다. 그의 주요 수학 업적은 π와 e가 무리수임을 밝힌 것, 화법기하학(畫法幾何學, descriptive geometry), 수론, 연분수 이론, 평행선 공리 등이다. 1766년 람베르트는 《평행선 이론(Die Theorie der Parallellinien)》에서 다음과 같이 말했다.

: 람베르트는 한때 가정교사를 하기도 했다. 주인집의 책을 가지고 혼자 공부하면서 훗날 수학계에 큰 업적을 남겼다. 1755년 스위스 과학학회 회원이 된 그는 1764년 베를린 과학원 원사가 된 후 베를린에 정착했다.

어떠한 가설도 만약 모순이 되지 않는다면 하나의 가능한 기하학을 만든다. 이 기하학은 참의 논리 구조이며, …(중략) 하나의 특수한 기하학을 만든다.

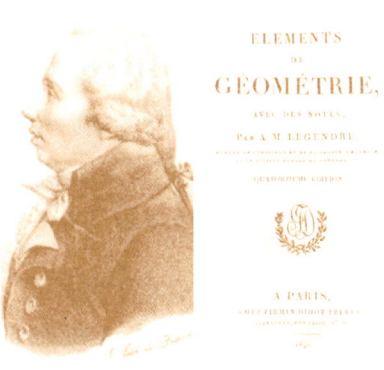

: 르장드르와 《기하학 원리》. 르장드르는 이 책의 부록에 평행선 공준의 증명을 실었다.

프랑스 수학자 르장드르(Adrien-Marie Legendre, 1752~1833)는 약 20년간 평행선 공준을 연구했다. 그는 유클리드의 《기하학 원론》에 수록된 명제를 다시 구성하고 복잡한 증명을 간단히 하여 《기하학 원리》란 이름으로 재출판했다. 그의 저서는 열두 차례나 새로 출판되었는데 매번 부록을 달아 평행선 공준의 증명을 실었다. 그러나 그의 모든 증명은 항상 결점이 발견되었다. 왜냐하면 가정해서는 안 되는

: 기하학 수업. 한 학생이 칠판에서 생각에 잠겼다. 사케리 사각형에서 ∠C=∠D를 어떻게 증명할까?

가설을 담고 있거나 제5공준과 동일한 문제점을 안고 있는 '공준'을 가정했기 때문이다.

이처럼 많은 수학자가 보편타당한 증명을 이용하여 유클리드의 공리를 대신하거나 제5공준이 참임을 증명하려고 애썼다. 그러나 이 모든 노력은 수포로 돌아갔다. 1759년 프랑스 수학자 달랑베르(Jean Le Rond d'Alembert, 1717~1783)는 '평행선 공리' 문제를 "《기하학 원론》의 골칫덩어리"라고 표현하기도 했다.

하지만 이 '미운 오리새끼'는 얼마 지나지 않아 화려한 '백조'로 탈바꿈했다.

놀라운 신세계를 창조한 볼리야이, 평행선 공리를 증명하다

1820년 오스트리아군의 진지에서 한 젊고 잘생긴 헝가리 장교가 집배원에게서 편지 한 통을 건네받았다. 낯익은 편지봉투와 익숙한 글씨체, 그는 곧 아버지의 편지임을 알아차렸다. 그리고 편지 내용은 보나마나 평행선 공리 연구를 그만두라는 충고였다.

이 젊은 장교의 이름은 야노시 볼리야이(Janos Bolyai, 1802~1860)다. 그의 아버지 퍼르커시 볼리야이(Farkas Bolyai, 1775~1856)는 헝가리의 한 시골 고등학교 수학교사였다. F. 볼리야이는 괴팅겐 대학에서 공부했는데 가우스와는 동창이자 친한 친구 사이였다.

그는 헝가리로 돌아온 후에도 가우스와 친밀한 관계를 유지했고 자주 편지를 주고받으며 수학 문제를 토론했다. F. 볼리야이는 제5공준 증명에 도전했으나 몇 개의 동치를 발견했을 뿐 아무런 성과도 거두지 못했다. 이런 이유로 아들이 평행선 문제에 몰두하고 있다는 사실을 알게 되자 극구 말렸던 것이다.

J. 볼리야이는 봉투를 열어 안에 든 편지를 꺼냈다. 역시나 평행선 공리 얘기였다.

(전략) 제발 다시는 평행선 이론에 도전할 생각은 하지 말거라. 네가 모든 시간을 다 투자한다 해도 영원히 이 문제를 증명하지 못할 게다. …(중략) 이 문제는 너의 모든 시간과 건강, 휴식과 그 모든 행복을 앗아

가고 만단다. 이 지옥과도 같은 암흑은 수많은 뉴턴 같은 거인을 집어삼킬 테니까. …(중략) 이는 영원히 내 마음속에 남아 있는 위대한 업적이란다.

편지 속에 녹아 있는 아버지의 사랑은 아들을 크게 감동시켰다. J. 볼리야이는 사실 아버지의 영향을 받아 어려서부터 평행선 공준에 큰 관심을 가졌다. 아버지의 말대로 빈 왕립 아카데미에서 공부하던 시절 '평행선 공리'는 J. 볼리야이의 모든 시간을 앗아갔다. 하지만 다행히 그는 성공할 수 있는 길을 찾았다.

1823년 11월 23일 그는 아버지에게 편지 한 통을 보냈다.

• 우표에 등장한 볼리야이 부자.

• 가상의 연극 대사
아버지 : 이 녀석아, 평행선 공리의 증명 따윈 어서 집어치워. 그 암흑세계는 뉴턴을 1천 명쯤은 집어삼킬 거야!
아들 : ……제가 드릴 말씀은 딱 한 마디입니다. "나는 무에서 하나의 놀라운 신세계를 창조했다."

(전략) 일단 구상이 정립되고 조건이 허락한다면 곧 저의 평행선 이론에 대한 성과를 발표할 생각입니다. 지금까지 해온 연구가 완전히 끝나지는 않았지만, 제가 달려온 길이 곧 목적지에 도달하리라 생각합니다. 저는 지금 이 놀라운 발견에 기쁨을 감출 수 없습니다. 만약 이 모든 것이 사라진다면 그것이야말로 영원한 고통이겠지요. 아버지도 제 연구 결과를 보

: J. 볼리아이는 자신의 연구 결과를 '부록' 형식으로 발표했지만 사람들은 여전히 그를 비유클리드 기하학 창시자 중의 한 명으로 인정한다. 그는 헝가리의 민족 영웅으로 추앙받고 있다. 1867년 헝가리 과학원은 볼리아이 상을 제정했다(위 왼쪽). 루마니아에는 볼리아이의 이름을 딴 대학이 있다(위 오른쪽). 세계천문학회 역시 달의 한 크레이터를 '볼리아이 크레이터'로 명명했다. 2002년 부다페스트에서는 볼리아이 탄생 200주년 기념 국제회의를 개최했다(오른쪽은 기념회의 로고).

시면 이해하시리라 믿습니다. 제가 지금 드릴 수 있는 말은 딱 한 마디입니다. "나는 무에서 하나의 놀라운 신세계를 창조했다." (하략)

아버지는 곧 답신을 보내 이 사실을 서둘러 발표하라고 독려했다. 그러면서 따뜻한 봄날 곳곳에 피어나는 '제비꽃'처럼 일단 적당한 시기가 되고 또 여건이 성숙하면 다른 수학자의 새로운 구상이 여기저기서 생겨날 것이라고 덧붙였다.

1832년 J. 볼리아이는 자신의 연구 결과를 아버지의 수필 《학문을 사랑하는 젊은이에게 순수수학의 기초를 소개하려는 시도(Tentamen Juventutem Studiosam in Elementa Matheseos Purae Introducendi)》에 부록 형식으로 덧붙였다. 제목은 '절대적으로 참인 공간과학을 설명하는 부록(Appendix, Scientiam Spatii Absolute Veram Exhibens)'이다. 아버지는 아들의 연구가 수학자들에게 인정받기를 간절히 바랐다. 그래서 이 책을 먼저 가우스에게 보냈다. 얼마 후에 가우스가 답신을 보내왔는데 이는 볼리야이 부자에게 실망을 안겨주기에 충분했다. 가우스는 편지에 다음과 같이 적었다.

결론부터 얘기해서 내가 이 결과에 찬사를 보낼 수 없다고 말한다면 자네는 아마 크게 놀랄 걸세. 하지만 자넨 선택의 여지가 없어. 왜냐하면 그건 나 스스로를 칭찬하는 것과 같으니까.
논문의 모든 내용과 자네 아들의 연구 방법 그리고 성과물은 내가 지난 30여 년간 연구한 내용과 완전히 일치하더군. 사실 그래서 정말 놀랐다네……(하략)

가우스 역시 젊은 시절 평행선 문제를 고민한 적이 있었다. 하지만 증명에 실패한 후 평행선 공리를 부정하고 새로운 기하학을 창시할 생각을 하게 되었는데 1816년경, 이 새로운 기하학의 요체에 접근할 수 있었다. 가우스는 새로운 기하학에서 삼각형의 내각의 합이 180°보다 작은 경우를 발견했다! 이는 일반 상식과 완전히 배치된다. 가우스의 이러한 기하학을 '비(非)유클리드 기하학'이라고 부른다. 그러나 사람들의 오해를 살까봐 두려워 이 새로운 발견을 발표할 준비조차 하지 않았다.
가우스는 편지의 말미에 이렇게 썼다.

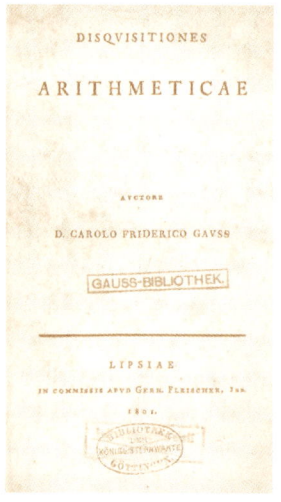

: (왼쪽) 가우스와 그의 서명. (오른쪽) 가우스의 명저 《산술에 관한 논고(Disquisitiones Arithmeticae)》(1801). 그는 새로운 기하학을 창시하였는데, 삼각형의 내각의 합이 180°보다 작은 경우를 발견한 것이다. 이를 '비유클리드 기하학'이라고 부른다.

이제는 더 이상 마음 졸일 필요가 없게 되었네. 이처럼 훌륭한 성과로 나를 뛰어넘은 사람이 다름 아닌 내 오랜 친구의 아들이라니 얼마나 기쁜지 모른다네.

J. 볼리야이가 가우스의 편지를 읽고 얼마나 상심했을지 충분히 짐작할 수 있다. 그는 심지어 아버지가 예전에도 자신의 연구물을 가우스에게 보여준 건 아닌지 의심하기도 했다. 화가 난 J. 볼리야이는 더 이상 수학 논문을 발표하지 않았다고 한다.

F. 볼리야이의 친구였던 가우스 역시 남다른 인물이었다. 가우스(Carl Friedrich Gauss, 1777~1855)는 19세기 최고의 수학자로서 아르키메데스, 뉴턴과 함께 가장 유명한 수학자로 꼽힌다. 어린 시절 그의 수학 재능에 관한 많은 재미있는 일화가 전해지고 있다. 가령 그는 3세 때 아버지의 장부에서 오류를 발견하기도 했다. 또한 1에서 100까지 자연수를 더한 이야기는 유명하다. 그는 만년에 "나는 말을 배우기도 전에 계산부터 배웠다"라고 농담을 하곤 했다.

가우스는 정17각형의 작도 가능성을 증명하자 수학의 아름다움에

완전히 매료되어 수학에 일생을 바치기로 결심한다. 이때가 만 19세를 불과 한 달 남겨둔 1796년 3월 30일이었다. 20세 때 발표한 박사 논문에서는 최초로 '대수 기본 정리'(n차 복소수 계수 방정식은 최소한 1개의 복소수 근을 가진다)의 완전무결한 증명을 내놓았다. 그동안 뉴턴과 오일러, 라그랑주 등 쟁쟁한 수학자가 이 문제에 도전했지만 실패했던

: (위) 독일 마르크화의 가우스 초상화. (아래 왼쪽) 괴팅겐의 가우스 묘. (아래 오른쪽) 가우스와 베버의 조각상.

증명이었다. 가우스의 가장 유명한 저서 《산술에 관한 논고》는 현대 대수학에서 매우 중요한 위치를 차지한다.

　가우스는 이 밖에도 천문학, 측지학, 전기학 등에서도 훌륭한 업적을 남겼다. 1801년 가우스는 기존에 없던 방법인 '최소제곱법'을 이용하여 새로 발견된 소행성 세레스(Ceres)의 궤도를 정확히 계산해냈다. 그리고 이듬해 또 다른 소행성 팔라스(Pallas)의 궤도도 계산했다. 곡면 이론의 명저 《일반 곡면론》(1827)은 공간에 위치한 곡면에 관한 기하학 연구의 새 지평을 열었다. 1831년에 가우스는 동료 학자들과 전기학과 자기학의 기초 연구를 수행했고 1833년에 전자 전보를 발명했다. 하지만 수학 분야의 업적이 너무 뛰어나 물리학의 성과는 상

제8장 비(非)유클리드 기하학 혁명

대적으로 덜 빛났다.

가우스는 "수학은 모든 과학의 여왕이고 정수론은 수학의 여왕이다"라는 명언을 남겼다. 그는 "아득히 먼 저 꼭대기에서 하늘과 수학을 관장하는 천재"라고 칭송받았다. 가우스는 항상 완벽함을 추구했다. 또한 모든 책을 완전하고 간결하게, 아름답고 신뢰할 수 있도록 쓰려고 노력했다. 또한 중간의 분석 과정은 모두 생략했기 때문에 그가 발표한 수학 '나무'에는 '열매'만 있었다.

그는 많은 격언을 남겼는데 특히 "많지 않아도 좋다. 다만 제대로 하라"는 말을 자주 언급했다고 한다. 또한 셰익스피어의 비극 〈리어왕〉의 대사를 인용하기도 했다. "오 그대 자연이여, 나의 여신이여. 나는 너의 법칙에 따르기로 했다!"

가우스는 수학의 영감을 얻으려면 반드시 현실세계와 접목되어야 한다고 믿었던 것이다. 1855년 가우스는 괴팅겐 천문대의 자택에서 세상을 떠났다.

쌍곡적 기하학을 탄생시킨 로바체프스키

퍼르커시 볼리야이의 말은 틀리지 않았다. 새로운 구상과 발견은 거의 같은 시기, 서로 다른 곳에서 동시에 출현할 수 있다. 실제로 수학사에 이런 일이 많이 있었다. 뉴턴과 라이프니츠가 발견한 미적분, 데카르트와 페르마가 창안한 해석 기하학이 대표적이다. 이제 비유클리드 기하학이라는 또 한 송이의 '제비꽃'이 카잔에 피어났다.

1826년 2월 23일은 수학과 인류 사상사의 기념비적인 날이다. 이 날 러시아의 수학자 로바체프스키는 카잔 대학 물리수학과에서 자신의 논문 〈평행선 공리의 엄격한 증명〉을 발표했다. 이날은 비유클리드 기하학의 탄생일로서 기하학의 혁명적 변화가 일어난 날로 인식되고 있다.

로바체프스키(Nikolay Ivanovich Lobachevsky, 1792~1856)는 가난한 공무원 가정에서 자랐다. 그는 일생 동안 카잔을 거의 떠나지 않았다. 그곳 고등학교와 카잔 대학에서 공부했고 졸업 후, 대학에 남아 일했다. 후에 교수직에 올라 물리수학과 학과장과 카잔 대학 총장을 역임했다. 그의 업적은 카잔 대학의 발전과 명성의 기반이 되었다.

∶ '기하학의 코페르니쿠스'로 불리는 로바체프스키.

로바체프스키는 1816~17년 《기하학》 책을 쓰면서 제5공준을 증명하려고 노력했다. 그는 모든 기하학의 명제를 제5공준을 따르는지 여부에 따라 두 부분으로 나눌 수 있다는 사실을 발견했다. 그중 제5공준을 따르지 않는 기하학 명제를 '절대 기하학'이라고 불렀다. 하지만 로바체프스키의 이런 구상은 처음부터 비난을 받았다.

로바체프스키는 이에 굴하지 않았다. 절대 기하학에는 '한 평면 위에서 직선 AB 바깥의 한 점을 지나 AB와 교차하지 않는 직선을 적어도 하나 그을 수 있다'는 명제가 있다. 여기에서 '적어도'란 이 명제의 결론이 다음 두 가지 가능성을 내포함을 뜻한다. 첫째, 직선 AB와 만나지 않는 직선은 오직 하나뿐이다. 둘째, 직선 AB와 만나지 않는 직선을 무수히 많이 그을 수 있다.

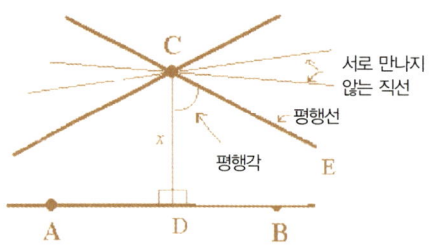

: 직선 AB 바깥의 한 점 C에서 AB 상에 수선을 긋고 수선의 발을 D라고 하자. 점 D의 무한원점(無限遠點)을 E라고 가정할 때 직선 CE는 직선 AB의 평행선이다. CD의 거리를 평행거리라 하고 x로 표시하자. CE와 CD 사이에 끼인 각을 평행각이라고 하자. 이때 로바체프스키는 다음 공식을 얻었다.

$\mathrm{II}(x) = 2\tan^{-1}(e^{-x})$

만약 첫째 가능성을 공리로 선택한다면 유클리드 기하학을 유도할 수 있다. 로바체프스키는 만약 두 번째 가능성을 공리로 선택한다면 여기에서 유도되는 명제는 절대 기하학의 정리와 모순되며 이는 제5공준을 증명한 것과 같다고 판단했다. 이 기본 구상에 따라 로바체프스키는 엄밀하게 추론하기 시작했다. 놀랍게도 그가 얻은 일련의 명제는 그 자체의 논리적 모순도 없고 또 절대 기하학과 충돌하지도 않았다. 로바체프스키는 이 새로운 기하학 체계를 '쌍곡적 기하학'이라 불렀다. 또한 그의 이름을 따 '로바체프스키 기하학'으로도 불린다.

'쌍곡적 기하학'의 특징은 무엇일까? 간단히 말하면 다음과 같다.

: 카잔 대학 교정의 로바체프스키 동상. 그는 평생 카잔을 떠나지 않았으며 카잔 대학 총장을 역임했다.

(1) 직선 바깥의 한 점을 지나면서 이 직선에 평행한 직선은 무수히

많다.

(2) 삼각형 내각의 합은 더 이상 180°가 아니라 180°보다 작은 값이다.

지난 2천여 년 동안 유클리드 기하학은 현실 공간을 해석하는 의심의 여지가 없는 유일한 기하학이었다. 독일의 철학자 헤겔은 "유클리드가 남긴 기하학 내용으로 볼 때 초등 기하학은 상당히 완벽하다. 더 이상 발전할 부분이 없다"라고 말하기도 했다. 로바체프스키는 여기에 반기를 들었다. 그는 유클리드 기하학과는 완전히 다른 새로운 기하학이 존재함을 공개적으로 선언했다. 이는 뿌리 깊은 유클리드 기하학의 아성에 대한 명백한 도전이었다! 가우스는 바로 이런 용기가 부족했다. 이런 의미에서 후세 사람은 로바체프스키를 '기하학의 코페르니쿠스'라고 부르며 그를 기렸다.

: (위) 구소련의 로바체프스키 서거 100주년 기념우표(1956). (아래) 러시아 연방의 로바체프스키 탄생 200주년 기념화폐(1992년).

가우스의 걱정은 결코 기우가 아니었다. 사람들이 위대한 구상을 즉시 이해하지 못하는 경우가 다반사였으니까. 로바체프스키 역시 동시대 사람들에게 칭찬은 고사하고 많은 비웃음을 받았다.

새 기하학을 '우스갯소리'나 '학식 있는 수학자의 헛소리'라고 매도하는 사람도 있었다. 심지어 대문호 괴테마저 오페라 〈파우스트〉에서 "……새로운 기하학이 있는데 이름은 비유클리드 기하학이라네. 그런데 왜 스스로 조롱거리가 되려는지 이해를 못하겠어"라고 말했다. 하지만 어느 누구도 로바체프스키의 굳은 의지를 꺾지는 못했다. 그는 가파른 절벽 위의 등대처럼 우뚝 서 흔들리지 않았고 거센 파도는 그의 굳은 의지에 부딪혀 파편이 되어 사라져갔다.

1829년 로바체프스키는 《카잔 대학 학보》에 〈기하학의 새 원리〉를 발표했다. 이는 세계 최초로 발표된 비유클리드 기하학 문헌으로 야노시 볼리야이보다 3년이나 앞섰다. 그는 이어 《쌍곡적 기하학》(1835), 《적분에서 쌍곡적 기하학의 응용》 등을 저술했다. 《쌍곡적 기하학》을 프랑스어와 독일어로 번역한 《평행선의 완전한 이론에 의한 기하학적 원리》는 유럽의 수학자들이 로바체프스키의 구상을 이해하고 받아들이는 계기가 되었다. 로바제프스키가 세상을 떠난 지 얼마 후에 가우스의 서간록이 출판되었는데 친구에게 보낸 그의 편지에서 로바체프스키의 연구 성과를 높이 평가했음을 확인할 수 있다. 이처럼 로바체프스키의 새로운 기하학은 그의 사후에 점차 수학계의 주목을 받기 시작했다.

수학의 절대 진리에 도전한 비유클리드 기하학

수천 년 동안 이어진 기존 관념의 속박에서 벗어나 탄생한 비유클리드 기하학은 수학의 절대 진리에 대한 도전이자 진정한 혁명이었다. 집합론의 창시자인 독일의 수학자 칸토어 역시 "수학의 본질은 자유에 있다"라고 말했다.

이처럼 수학은 더 이상 세속적인 무엇에도 구속받지 않고 인간의 자유로운 사고에서 탄생한 창조물로 나타났다. 바로 이런 학문적 분위기에 힘입어 1854년 리만(Riemann, 1826~1866)은 괴팅겐 대학에서 '기하학의 기초에 관한 가정'이라는 연설을 통해 또 다른 비유클리드 기하학을 선보였다.

리만이 제시한 기하학 공간에는 다음과 같은 중요 명제가 포함되어 있다.

: 가우스의 제자인 리만은 1851년에 괴팅겐 대학에서 박사학위를 받았다. 그는 복소수 함수와 비유클리드 기하학 분야에서 큰 업적을 남겼다.

(1) 서로 다른 두 점은 적어도 하나의 직선을 만든다.
(2) 직선은 경계가 없지만 길이는 유한하다.
(3) 임의의 두 직선은 서로 교차한다.

이와 같은 유형의 기하학 공간을 '비유클리드 리만 기하학'이라고 부르는데 가장 간단한 모형이 바로 '구면 기하학'이다. 구면 기하학에서 '직선'은 '대원(great circle)', 즉 원의 중심을 지나는 평면과 구면의 교선이며, 구면 위에서 '두 점 사이의 거리'는 두 점을 잇는 큰 원호다. 이는 장거리 비행을 하는 비행기가 대원을 따라 날아가는 것과 같은 원리다. 구면 기하학에서는 더 이상 유클리드의 평행선 공리가 적용되지 않는다. 실제로 구면 위에서 평행선은 존재하지 않는다! 뿐만 아니라 구면 삼각형의 내각의 합은 180°보다 크다. 단지 협소한

범위 내에서만 유클리드 기하학이 성립할 뿐이다. 이제 우리는 각각의 평행선 공리에 대해 서로 다른 기하학 공간이 존재함을 알 수 있다. 다음 표는 세 가지 기하학의 특징을 보여준다.

기하학 체계	평행선 공리	공간 유형	곡률 k	삼각형 내각의 합
유클리드 기하학		유클리드 공간	$k=0$	$\triangle=180°$
로바체프스키 기하학		쌍곡적 공간	$k<0$	$\triangle<180°$
리만 기하학		타원 공간	$k>0$	$\triangle>180°$

볼리야이와 로바체프스키는 이처럼 탁월한 업적을 남겼지만 1860년대 당시 수학계의 호응을 얻지는 못했다.

그 원인은 다양하다. 첫째, 그들은 당시의 주류 언어를 사용하지 않았다. 즉 볼리야이는 라틴어를, 로바체프스키는 러시아어를 사용했고 그들의 저서는 그다지 주목받지 못하는 지역에서 출판되었다.

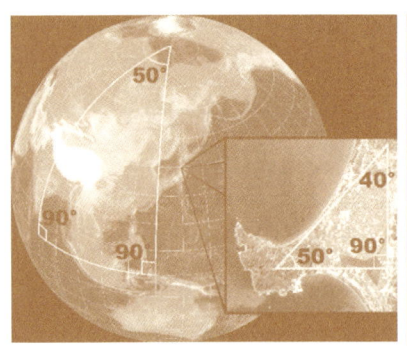

: 구면 기하학에서 삼각형의 내각의 합은 180° 보다 크다.

또한 수학의 새로운 개념은 도입 초반에는 제대로 잘 받아들여지지 않곤 했다. 그들의 추론은 논리적으로 일관성을 가지고 공식 또한 합리적이며 아무런 문제점이 없었지만 비유클리드 기하학이 무엇인지 정말 제대로 이해하는 사람은 소수에 불과했다. 또한 로바체프스키 기하학의 '현실적' 모형을 제시할 수 있는 사람도 거의 없었다.

구면 기하학이 리만 기하학의 훌륭한 모형이듯 로바체프스키와 가우스, 야노시 볼리야이의 쌍곡적 기하학 역시 유사한 모형을 갖는다. 1868년 이탈리아의 수학자 벨트라미(Eugenio Beltrami, 1835~1899)는 추적선(tractrix)을 x축 둘레로 회전시켜 얻은 '의구면(擬球面, pseudo-sphere)'을 이용하여 로바체프스키 기하학의 일부 성질을 증명했다. 가령 의구면에서 삼각형 내각의 합은 180°보다 작았다.

최초의 완벽한 로바체프스키 기하학 모형은 독일 수학자 클라인(Felix Klein, 1849~1925)이 1870년에 제시했다.

그는 단위원을 로바체프스키 평면으로 하고 그 내부의 현(弦)을 로바체프스키 기하학의 직선으로 가정했다. 그리고 적당히 거리의 개념을 잡아 로바체프스키 기하학을 구현했다.

클라인 이후 프랑스 수학자 푸앵카레(Jules Henri Poincaré, 1854~1912)는 또 다른 로바체프스키 기하학 모형을 제시했다(푸앵카레에 대해서는 9장에서 자세히 다룸). 그는 클라인

● 추적선. 곡선 위의 임의의 점에서 접선을 그었을 때 좌표축과 만나는 점에서 접점까지의 길이가 일정한 값이 된다.

● 의구면(나팔 모양). 추적선을 x축 둘레로 회전시켜 얻은 곡면. 의구면은 어느 곳에서나 동일한 곡률을 가지지만 전곡률(全曲率) 값은 음수다.

: 추적선의 접선을 계속 그려 이루어진 조형물.

모형에서 현을 단위원의 원주에 수직인 호(弧)로 바꾸었다. 다시 말하면 원 내부에 단위원 S와 수직인 호 또는 직선을 비유클리드 직선이라 부르며 비유클리드 거리의 정의는,

$$d(z_1, z_2) = \log[z_1, z_2 ; \zeta_1, \zeta_2]^{-1}$$이다.

이 식에서 $[z_1, z_2 ; \zeta_1, \zeta_2]$는 네 점 $z_1, z_2 ; \zeta_1, \zeta_2$의 복비(複比, cross ratio)이다. 즉,

$$[z_1, z_2 ; \zeta_1, \zeta_2] = \frac{(z_1-\zeta_1)(z_2-\zeta_2)}{(z_2-\zeta_1)(z_1-\zeta_2)}$$

이다. 따라서 다음 식이 증명된다.

(1) $d(z_1, z_2) \geq 0$ (거리는 음수가 아님)
(2) $d(z_1, z_2) = d(z_2, z_1)$ (거리의 대칭성)
(3) $d(z_1, z_2) \leq d(z_1, z_3) + d(z_3, z_2)$ (거리 부등식)

특히, $d(z_1, z_2) = \log \frac{p_2}{p_1} = \log \frac{|z_1-\zeta_1||z_2-\zeta_2|}{|z_1-\zeta_1||z_2-\zeta_2|}$ 이다.

이 공식은 z_1(또는 z_2)가 비유클리드 직선을 따라 경계선 위의 점 ζ_1(또는 ζ_2)로 향할 때 $d(z_1, z_2)$는 무한대로 커진다는 의미다. 이를 통해 하나의 비유클리드 직선의 비유클리드 길이는 무한대임을 알 수 있다.

푸앵카레 모형에서 로바체프스키 기하학의 공리 체계를 구현할 수 있다.

(1) 원둘레 S 내부의 임의의 두 점을 지나는 비유클리드 직선은 오직 하나만 존재한다.

(2) 비유클리드 직선은 임의로 늘일 수 있다.

(3) 모든 직각은 서로 같다.

(4) S 내부의 임의의 한 점 z_0과 하나의 정수 r에 대해, z_0을 원의 중심으로 하고 r이 반지름인 비유클리드 원을 항상 만들 수 있다.

(5) l을 S 내부의 임의의 한 비유클리드 직선, z_0은 l위에 있지 않은 S 내부의 한 점이라고 가정하자. 이때 점 z_0을 지나지만 직선 l과 만나지 않는 비유클리드 직선을 무한대로 그릴 수 있다.

· (위) 푸앵카레의 단위원. 원둘레 S에 수직인 원 내부의 호 또는 직선을 '비유클리드 직선'이라고 한다. (아래) 직선 바깥의 한 점을 지나고 직선과 평행인 선을 모아놓은 그림.

유클리드 기하학 공간에서 도형을 평행이동 또는 회전과 대칭의 변환을 할 때 위치는 바뀌지만 크기에는 변화가 없다. 푸앵카레 모형에서도 비유클리드 거리에 변화가 없는 두 가지 변환, 즉 '역변환'과 '분수식 선형 변환'이 존재한다. 그러나 유클리드 기하학 공간 안의 도형과 달리 비유클리드 운동을 하는 도형의 모습과 크기는 바뀔 수 있다고 예상할 수 있다. 가령 다음 그림과 같이 비유클리드 삼각형은 흰색 삼각형이든 검은색 삼각형이든, 큰 삼각형이든 작은 삼각형이든 모두 합동이다. 유클리드 기하학 공간에서 비유클리드 공간의 도형을 보면 유클리드

: 쌍곡적 기하학을 이용하여 만든 에셔의 판화 작품. (위) 〈천사와 악마〉, (아래) 〈원의 극한 III〉.

거리는 변하고 비유클리드 거리는 변하지 않는다. 많은 예술가가 도형의 이런 신기한 '변화'에 매료되어 창작의 영감을 얻었다.

〈원의 극한(circle limit)〉은 네덜란드의 예술가 에셔(Escher, 1898~1973)가 쌍곡적 기하학을 이용하여 창작한 시리즈 작품이다. 먼저 〈천사와 악마〉 그림에서 흰색 천사와 검은색 악마가 교차되어 있는데 크기는 서로 달라 보인다. 하지만 비유클리드 공간에서 비유클리드의 척도로 본다면 모든 흰 천사와 검은 악마의 크기는 동일하다. 〈원의 극한 III〉은 더욱 아이디어가 돋보이는 작품이다. 원작에는 네 가지 색깔로 네 종류의 물고기를 구별하고 있다. 이들 물고기는 한 변에서 다른 변으로 이어지는 둥근 길을 따라 머리와 꼬리가 서로 이어진 상태로 헤엄치고 있다. 중심에서 가까울수록 물고기에는 더 큰 변화가 생긴다. 에셔 본인은 자신의 작품을 다음과 같이 묘사하고 있다.

(전략) 서로 이어져 있는 이 모든 물고기는 마치 무한히 먼 곳에서 온 로켓처럼 보인다. 경계선에서 직각으로 발사하여 다시 원래 지점에 도착했을 때 어느 하나도 가장자리에 도달하지 못한다. 왜냐하면 경계선

은 '절대적 허무(absolute nothing)'이기 때문이다. 하지만 그 주변의 공허함이 없다면 이 원형의 세계는 존재할 수 없으리라. 이는 '내부'의 전제 조건이 '외부'이기 때문만이 아니다. 바로 이 '허무'의 외부가 있기 때문에, 이런 구조를 만드는 호의 중심점은 기하학의 정확성에 의해 바로 그곳에 생겨날 수 있다.

: 영국 출신의 캐나다 수학자 콕스터(Coxeter, 1907~2003)가 그린 '비유클리드 단위원'. '비유클리드 도량형' 하에서는 원 안의 모든 삼각형이 합동이다.

우리는 이처럼 간결한 예술의 언어로 푸앵카레 모형의 본질을 설명한 에서에게 감사해야 할지 모른다. 그의 작품을 통해 유클리드 공간 속의 기묘한 비유클리드의 세계를 감상할 수 있으니까.

: 로바체프스키 기하학 역시 '쌍곡적 기하학'으로 불린다. 오른쪽 그림은 '말안장'(또는 '쌍곡적 평면') 위의 '2직각' 삼각형으로, 이는 마치 유클리드 공간에서 한 직선에 서로 수직인 두 '초(超)평행선'과 같다.

제9장
해석의 엄밀화

미적분에 대한 구상과 방법은 이미 고대 그리스 시대부터 있었다. 그후 오랫동안 수학자들은 이에 대한 연구와 논의를 진전시켜왔고 17세기 산업 혁명 시기에 뉴턴과 라이프니츠의 노력으로 마침내 수학사에 찬란한 모습을 드러냈다. 미적분의 탄생은 수학을 새로운 경지로 끌어올렸고 고전 수학의 종식을 선언했다. 아울러 '변화하는 양'을 연구의 핵심으로 한 근대 수학의 시작을 알렸다.

해석의
엄밀화

무한소, 사라지지 않는 '유령'

미적분은 타의 추종을 불허하는 계산 능력을 보여주었고 이러한 미적분의 발명은 수학의 신대륙처럼 인식되었다. 17, 18세기 유럽의 거의 모든 수학자는 미적분에 크게 매료되어 미적분 발전에 이바지했다. 그들은 전통에 대한 비판과 새로운 방법의 추구, 새로운 영역의 개척을 통해 수학사의 새로운 '영웅 교향곡'을 공동 '작곡'했다! 이는 현대 응용 수학의 대가 쿠란트(Richard Courant, 1888~1972)의 말에 잘 나타나 있다.

> (전략) 미적분은 인류의 감동적인 두뇌 투쟁의 결정체다. 이 투쟁은 이미 2,500년을 계속해왔고 인간이 활동하는 모든 영역에 깊이 뿌리내리고 있다. 우리가 스스로를 인식하고 자연을 탐구하려는 노력을 멈추지 않는 한 인류의 이 투쟁은 영원히 지속되리라.

미적분 발명 초기, 뉴턴과 라이프니츠는 미적분의 여러 기본 개념을 명확히 인식하지 못했을 뿐만 아니라 엄밀히 정의하려고 하지 않았다. 이에 대해 가장 먼저 문제를 제기한 사람은 네덜란드의 물리학자이자 기하학지인 노이벤티트(Bernard Nieuwentijdt, 1654~1718)였다. 그는 새로운 미분법의 내용이 모호하다고 비판했고 무한소와 영(0)의 차이점을 이해할 수 없다고 불만을 터뜨렸다. 또한 무한소의 합이 유한한 값인지에 대해 의문을 제기했다. 노이벤티트는 고차미분(high-order differential)의 의미와 존재성, 유도 과정에서 무한소를 버려야 하는 이유에 강한 의구심을 나타냈다.

이에 대해 라이프니츠는 1695년 《학술기요》지에 발표한 글에서 여러 답변을 내놓았다. 그는 "무한소는 결코 단순한 절대적인 0이 아니라 상대적인 0"이라고 말했다. 다시 말하면 소멸하는 값이지만 소멸하는 동안의 특성을 여전히 유지하는 값이다. 라이프니츠는 자신이 창안한 미분법의 사용 방법과 활용 가치를 강조했다. 그는 기호의 의미에 다소 의구심이 가는 것은 사실이지만 미분법의 연산 법칙을 정확히 표현하고 적절히 사용하기만 하면 합리적이고 정확한 결과를 얻을 수 있다고 확신했다.

미적분의 개념과 기술이 확대되면서 많은 수학자가 미적분의 기반을 튼튼히 하기 위해 노력했다. 영국의 뉴턴 추종자는 미적분과 기하학 및 물리학의 개념을 연관시키는 과정에서 뉴턴이 사용한 '모멘트(나눌 수 없는 증가량)'와 '플럭션(연속적으로 변화하는 값)'의 개념을 혼용해버렸다. 반면 라이프니츠를 따르는 대륙의 수학자는 계산 형식에 치우쳐 엄밀한 개념을 정립하지 못했다. 이 때문에 프랑스 수학자 롤(Michel Rolle, 1652~1719)은 '미적분은 교묘한 궤변의 집합체'라고 비아냥거렸다.

18세기에 이르러 미적분을 강도 높게 비난한 또 한 사람은 버클리(George Berkeley, 1685~1753) 주교였다. 버클리는 1734년 《분석학자, 신을 믿지 않는 수학자에게 보내는 글》을 발표했다. 그는 이 책에서 종교의 신비함 및 교리와 비교할 때 현대 해석학의 대상과 원칙, 추론의 구상이 명료하고 추론이 정확한지 여부를 따져보았다. 버클리는 뉴턴의 많은 논점을 정확히 비판했다. 예를 들어, 뉴턴이 처음에는 x를 증가량이라고 했다가 나중에는 0으로 바꾼 것은 '모순율(the law of contradiction)'에 위배되고 여기에서 얻은 플럭션은 사실상 '$\frac{0}{0}$'

∶ 조지 버클리는 아일랜드 철학자로 존 로크(John Locke), 데이비드 흄(David Hume)과 함께 영국의 3대 근대 경험주의 철학자로 꼽힌다. 저서로는 《시각신론》(1709), 《인지 원리론》(1710) 등이 있다. 그는 《분석학자》에서 미적분의 모순점을 신랄하게 비판했다. 그의 공격은 물론 신학을 보호하기 위한 목적이었지만 미적분 이론의 문제점을 정확히 지적한 뼈 있는 비판이었다. 이 책에서 가장 많이 인용되는 구절은 다음과 같다. "순간 변화율이란 무엇인가? 소멸하는 증가량의 비는 뭘 말하고 그 정체는 또 뭔가? 이들은 유한량도 아니고 무한소도 아니다. 아무것도 아니다. 설마 우리가 이들을 '소멸한 값의 망령'이라고 불러야 하는 것인가?"

이라고 주장했다. 버클리는 $\dfrac{dy}{dx}$에 대해서도 "유한량도 아니고 무한소도 아니며 0 또한 아니다. 이 변화율은 다만 죽은 값의 유령일 뿐이다"라고 주장했다. 그는 $\dfrac{dy}{dx}$가 접선이 아닌 할선을 결정할 뿐이며 '고차 무한소를 무시하여 오차를 없애는 방법' 역시 '오차를 서로 상쇄하는 것'에 불과하다고 말했다. 버클리의 비판은 문제의 핵심을 정확히 찌른 뼈 있는 지적이었다.

★ Geometry no Friend to Infidelity ★

A Letter to the Author of the Analyst.
Cambridge, April 10, 1734.
SIR,
As I am one of those many persons in this University, who have profited by your learned writings, and who greatly admire the depth of thought, the force of reason, and the perspicuity of expression that generally appears in them; I cannot but be extremely surprized and concerned, that a Gentleman of your abilities should have taken so much pains not only to depreciate one of the noblest of all the sciences, but to disparage, to traduce, and even to

: 주린이 《분석학자》의 저자 버클리에게 보낸 편지. 《기하학, 무신론자의 친구가 아니다》에 실려 있다.

현대적인 관점에서 수학의 본질을 살펴보면 버클리의 지적은 수학적 엄밀성보다는 철학적 상상의 색채가 더 짙다. 그러나 뉴턴이 사용한 많은 용어는 실제로 논리적으로 모호한 부분이 있었다. 따라서 버클리의 지적은 이 사실에 대한 수학자의 관심을 불러왔다는 데 의미가 있다. 그 결과 그후 7년간 논리적 문제 해결을 위한 30여 종의 소책자와 논문이 쏟아졌다.

뉴턴이 《구적술》에서 밝힌 플럭션을 구하는 방법에 대해 버클리가 이의를 제기하자 영국의 과학자이자 의학자인 주린(James Jurin, 1684~1750)은 이에 답변하기 위하여 1734년 《기하학, 무신론자의 친구가 아니다(Geometry, no friend to infidelity)》를 발표했다. 주린은 "이 상황에서 증가량은 0이 아니고 증가량을 사라지게 하거나 소멸점 위에 놓이게 하지 않는다. 또한 소멸한 증가량은 최종비(最終比)를 갖는다"라고 주장했다. 그러나 불행히도 주린은 버클리의 논점을 정확히 파악하지 못했고 극한의 본질 역시 이해하지 못했다. 버클리는 《수학에서 자유사상 옹호》(1735)에서 주린이 이해하지 못한 부분을 비판했다. 그는 이 책에서 또다시 뉴턴 이론의 모순점을 들어 모멘트와 플럭션, 극한 등 개념이 모호하다고 공격했다.

주린은 같은 해 《작은 수학자(The minute mathematician)》에서 이에 대한 답변을 했다. 그러나 이 또한 모호하기는 마찬가지였다. 그는 '처음 생겨난 증가량은 무(無)에서 막 생겨나기 시작한 증가량 또는 막 자라기 시작하는 증가량이지만 지정 가능한 매우 작은 값에 아직 도달하지 못한 값'이라고 말했다. 그는 뉴턴의 '최종비'를 문자 그대로 '사라지는 그 순간의 이들 값의 비'라고 이해했다. 주린은 극한을 이용하여 뉴턴의 곱의 '모멘트' 이론을 설명하는 대신 스스로 무한소의 분쟁에 휘말렸다. 이처럼 '소멸하는 값의 유령'을 떨쳐 없애기란 불가능해 보였다.

버클리의 비판에 반격하기 위해 영국의 수학자 매클로린(Colin Maclaurin, 1698~1746)은 저서 《유율법(流率法)》(1742)에서 미적분의 엄밀성을 기했다. 매클로린은 기하학에 심취하여 그리스 기하학과 실진법(悉盡法, method of exhaustion: '무한소멸법' 이라고도 함. 곡선과 곡면으로 둘러싸인 부분의 면적과 부피를 구할 때 사용한다-역주)을 가지고 유율법 이론을 정립하고자 했다. 그는 이렇게 하면 극한의 개념을 피할 수 있다고 생각했다. 안타깝게도 이 방법은 참신하긴 하지만 헛된 노력에 불과했다.

 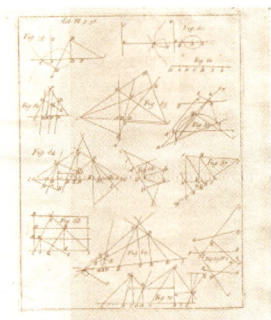

: 매클로린은 어려서부터 '신동'으로 불렸다. 11세에 글래스고 대학에 입학하여 17세에 석사학위를 받았다. 19세 때 에버딘에 있는 매리셜 칼리지 수학교수가 되었고 21세 때 영국 왕립학회 회원이 되었다. 그의 가장 큰 업적은 뉴턴 유율법(流率法)의 계승과 발전이다. 1719년 뉴턴을 찾아간 매클로린은 뉴턴의 허락을 얻어 《구조 기하학》(1720)을 출간했다.(가운데) 그는 이 책에서 뉴턴의 저서에 나오는 많은 미해결 정리를 증명했다. 1742년 뉴턴의 방법에 대해 최초로 논리적으로 설명한 《유율법》(오른쪽 그림은 이 책의 서문)을 발표했다.

미적분을 확대 발전시킨 새로운 개척자들의 활약

영국의 수학자가 유율법과 관련한 많은 문제점을 정확히 증명해내기 위해 애쓰는 동안 유럽 대륙에서는 미적분이 빠르게 확산되고 있었다.

유럽 대륙의 수학자는 주로 기하학이 아닌 대수적 표현식으로 미적분을 계산했는데 그 선두에 오일러가 있었다. 오일러(Leonhard Euler, 1707~1783)는 기하학을 미적분의 근간으로 여기는 견해에 반대하고 대신 순수 형식으로 함수를 연구했다.

다음은 오일러가 《미적분 원리》(1755)에서 오일러 형식을 이용하여 $y=\log x$의 미분을 유도한 과정이다.

x를 $x+dx$로 바꾸면,

$dy=\log(x+dx)-\log x=\log(1+\dfrac{dx}{x})$ 가 된다.

오일러의 저서 《무한해석 개론》(1748) 제1권 7장의 결과에 의해,

$\log(1+z)=z-\dfrac{z^2}{2}+\dfrac{z^3}{3}-\dfrac{z^4}{4}+\cdots\cdots$

가 된다. 여기에서 z를 dx로 바꾸면,
$$dy = \frac{dx}{x} - \frac{dx^2}{2x^2} + \frac{dx^3}{3x^3} - \frac{dx^4}{4x^4} + \cdots\cdots$$
이 된다.

dx^2, dx^3 등은 dx보다 앞서서 사라지는 값이다. 따라서

$dy = d(\log x) = \dfrac{dx}{x}$ 가 된다.

미적분학을 기하학에서 떼어내고 이를 산술과 대수학의 기반 위에서 발전시켰다는 점에서, 오일러가 사용한 방법은 매우 중요한 의의를 갖는다. 또한 이는 실수 체계에 기반을 둔 미적분의 본질에 대한 논증의 길을 열었다는 점에서 높이 평가할 만하다. 오일러는 수학에 무한한 광채를 더해주었다. 그는 미적분과 미분 방정식, 함

● 오일러는 18세기 최고의 수학자 가운데 한 명이다. 그는 마치 숨을 들이마시듯 매가 바람을 타고 날갯짓을 하듯 아주 손쉽게 계산을 했다. 그는 생전에 530편의 저서와 논문을 발표했고 사후에 남긴 유고는 그후 47년간 상트페테르부르크 과학원 학보를 풍성하게 했다. 그의 불후의 명작은 886권의 저서와 논문을 총망라한 《오일러 전집》이다. 이 책은 스위스 자연과학학회가 1907년 출판을 시작했고 타블로이드판 크기의 73권으로 구성되었다.

수 이론과 변분법, 무한급수와 좌표 기하학, 미분 기하학, 수론 등 수학의 거의 모든 분야에서 불후의 업적을 남겼다. 라플라스는 "오일러를 읽어라. 오일러를 읽어라. 그는 우리 모두의 위대한 스승이다"라고 입버릇처럼 말하곤 했다. 이렇듯 오일러는 '해석학의 화신(化身)'으로 불렸다. 하지만 여전히 많은 수학자가 오일러의 '형식주의'에 의구심을 갖고 있었다.

1743년 프랑스의 수학자 달랑베르는 "지금까지 수학자의 관심은 입구에 초롱을 달고 오색찬란한 끈으로 장식하는 게 아니라, 어떻게 하면 집을 크게 지을까에만 집중되었다. 기반을 더욱 튼튼히 하는 데

: 오일러와 함께 18세기 플럭션 수학자로 불리는 라그랑주. 16세 때 라그랑주는 오일러의 추천으로 토리노 왕실 포병대학의 수학교수가 되어 수학 분야의 찬란한 여정을 시작했다. 오일러의 넓은 아량이 돋보인 이 사건은 수학사에서 널리 회자되는 미담이 되었다. 라그랑주의 업적은 그 후 몇 세기에 걸쳐 수학계의 연구 방향에 심대한 영향을 끼쳤다. 특히 그의 사후 100여 년간, 그가 남긴 성과와 직·간접적으로 연관되지 않은 연구는 없다고 해도 과언이 아니다. 나폴레옹은 당시 많은 저명한 수학자와 친분이 두터웠는데 특히 "라그랑주는 수학과 과학 분야에서 우뚝 솟은 피라미드"라며 높이 평가했다.

는 관심이 없고 오직 집을 더 높게 지으려고만 해왔다"라고 말했다. 하지만 그는 "열심히 해라. 언젠가는 믿음이 생길 테니까"라고 말하며 미적분을 배우는 학생에게 용기를 북돋워주었다.

라그랑주 역시 미적분 전체에 엄밀성을 기하려고 했다. 그의 저서《해석 함수론》(1797)에서 '미적분학의 주요 정리를 포함하며, 무한소나 소멸하는 양, 극한이나 플럭션 등 개념을 사용할 필요 없이 유한값으로 귀결되는 대수 분식의 예술'이라는 소제목만 보더라도 그의 강한 의지를 읽을 수 있다. 실제로 라그랑주는 유율법에 아무런 흥미가 없었다. 왜냐하면 유율법은 '운동'이라는 아무런 관련도 없는 구상을 포함하고 있기 때문이다. 오일러가 dx나 dy를 0으로 취급하는 방법도 마음에 들지 않았다. 그 이유는 0으로 변하는 두 항의 근사치에 대한 명확하고 엄밀한 인식이 결여되어 있기 때문이다.

라그랑주는 간단한 대수적 방법을 찾으려고 고심했다. 1759년 그는 이미 이 방법을 찾았다고 흡족해했다. 라그랑주는 오일러에게 보낸 편지에서 "역학과 미분학 원리에 관한 매우 심도 있는 진정한 이론적 기초를 연구했다고 확신한다"라고 썼다. 하지만 라그랑주의 연구는 순수한 형식일 뿐, 기호 표현식을 이용한 그의 계산은 극한이나 연속 등 근본적 개념을 담고 있지 않았다.

18세기가 저물어갈 무렵인 1797년, 프랑스의 정치가이자 군인이었던 라자르 카르노(Lazare Carnot, 1753~1823)는 과학과 기술에도 조예가 깊어 《무한소 미적분의 철학적 사상》을 저술했다. 이는 문제점을 해결할 수 있는 가장 뛰어난 시도로 평가받는다. 당시 유행하던 미적분학 관련 논문은 명확성과 통일성이 결여되어 있었기 때문에, 카르노는 우선 엄밀하고 정확한 이론을 정립하는 데 주력했다. 카르노는 미적분의 많은 모순점을 이해하기 위해 "무한소 분석의 진정한 취지부터 명확히 하자"는 목표를 세웠다. 그는 "무한소 분석의 진정한 철학적 원리는…… 여전히…… 오차보상(誤差補償)의 원리"라고 결론지었다. 그의 이 결론은 사실상 라이프니츠의 방법으로 되돌아온 것이다.

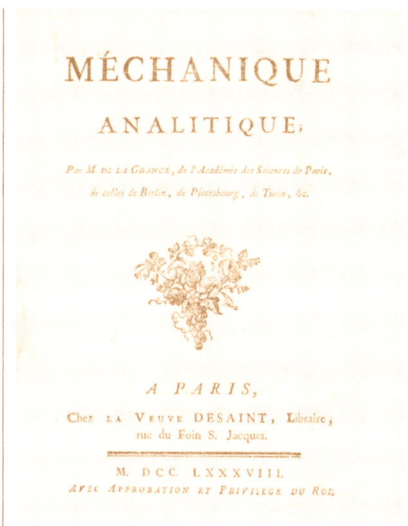

: 《해석역학》(1788)은 라그랑주의 대표작이다. 이 저서는 구성이 우아하고 조화로워서 4원수를 창안한 해밀턴이 '과학의 시편'이라고 극찬하기도 했다. 한 작가는 이 책에 대해 "우주를 하나의 수학과 방정식으로 구성된 리듬 있는 선율로 묘사했다"라며 찬사를 아끼지 않았다.

카르노는 두 지정값이 엄밀히 서로 같음을 증명하려면 이 두 값의 차이가 한 '지정값'이 아니란 사실을 증명하면 충분하다고 주장했다. 그는 라이프니츠의 견해에서 한 걸음 더 나아가 "임의의 한 값을 이것과의 차이가 무한소인 또 다른 값으로 바꿀 때, 무한소 방법은 단지 실진법을 하나의 계산 방법으로 간단히 한 것에 불과하다", "느낄 수 없는 양이란 단지 계산의 편의를 위해 도입한 보조 수단일 뿐

: (위) 프랑스가 발행한 라그랑주 기념우표. (아래) 파리의 '라그랑주가(街)'.

이다. 마지막 결과를 얻은 다음에는 무시할 수 있다"라고 말했다.

카르노는 심지어 '연속성의 정리'를 이용하여 리이프니츠가 즐겨 사용한 설명을 되풀이했다. 그는 무한소를 '유한한 값'으로 보거나 '절대적인 영(0)'으로 보는 두 가지 견해가 있다고 말했다.

첫 번째 견해에 대해 카르노는, 미분학은 오차보상을 기반으로 이해할 수 있으며 '불완전한 방정식'은 오차라고 부르는 값을 이용하여 '완벽하고 정확'해질 수 있다고 생각했다. 두 번째 견해에 대해 카르노는 미분학을 "소멸하는 값을 상호 비교하는 하나의 예술로 이해할 수 있다"고 말했다. 또한 이들을 비교하면 도출된 값의 관계를 알 수 있다고 주장했다.

소멸하는 값이 '0이다' 또는 '0이 아니다'라는 서로 상반된 주장에 대해, 카르노는 "무한소는 임의의 0이 아니라 연속성의 정리에 의해 도출되는 0이다"라고 대답했다. 카르노의 저서는 많은 호평을 받았고 여러 언어로 번역되었다. 그러나 그가 대수학에 등장하는 많은 문제를 명확하게 이해했다고 평가하기는 어렵다.

18세기 대부분의 수학자는 미적분의 논리적 토대에 대해 연구했다. 비록 일부 연구의 방향은 맞지만 모든 노력은 수포로 돌아갔다. 논리적 기반이 없는 상황에서 어떻게 함수를 분석하고 계산할 수 있을까?

수학자들은 물리학과 직관에 기댈 수밖에 없었다. 그들에게는 간단한 대수 함수가 있었다. 즉 간단하고 구체적인 함수에서 어떤 성질을 발견하고 이를 모든 함수로 확대하는 방법이다.

그들은 교묘한 방법으로 미적분의 위력을 발견하고 이를 확대하여 새로운 분야, 즉 무한급수와 미분 방정식,

• 카르노는 프랑스 의회로부터 '승리의 조직자(the organizer of victory)'라는 칭호를 받을 만큼 능력 있는 장교였다. 그는 수학의 가치가 응용에 있다고 강조했으며 해석학은 함수의 개념이 아닌 방정식이라고 주장했다. 그의 저서가 호평을 받은 이유 역시 미적분을 논리적으로 유도했기 때문이 아니라 미적분 계산법을 응용하여 편의성을 높여주었기 때문이다.

미분 기하학과 변분법 등을 개척했다. 나아가 현대 수학에서 가장 광범위한 분야, 즉 '수학적 해석학(mathematical analysis)'을 정립했다.

18세기의 많은 수학자는 자신이 이룩한 성과에 완전히 도취되어 있었지만 엄밀성이 결여되어 있다는 점에는 그다지 신경 쓰지 않았다. 이처럼 18세기 수학자들이 논리적 기반이 취약한 상황에서 흔들림 없이 연구를 계속해나갔기 때문에 후세 사람은 이 시기를 수학의 '영웅시대'라고 부른다.

수학적 해석학에 엄밀성을 기하다

1829년 2월 12일 로바체프스키는 카잔 대학에서 자신의 논문 〈기하학의 새 원리〉를 발표했다. 이날은 비유클리드 기하학이 탄생한 날로 여겨지고 있다. 이처럼 수학의 흐름은 19세기에 근본적 변화가 발생하게 된다. 역사적 우연의 일치인지는 모르지만 아벨은 같은 해에 친구에게 보낸 편지에서 해석학이 처한 상황을 걱정하고 있었다.

: 볼차노는 보헤미아의 신학자이자 철학자다. 그는 프라하에서 태어나 이곳에서 세상을 떠났다. 바로 이곳에서 볼차노는 해석학의 엄밀성에 크게 기여했다. 1816년 볼차노는 수열의 수렴성에 대한 정확한 개념을 정립했다. 그는 《순수해석 증명(Rein analytischer Beweis)》(1817)에서 함수의 연속성에 관한 적절한 정의를 밝혔다. 안타깝게도 그의 업적은 생전에 주목받지 못했다. 심지어 그의 저서 《무한의 역설(Paradoxien des Unendlichen)》(아래)은 그가 세상을 떠난 지 2년 뒤에야 출판되었다.

　　수학자의 해석학 연구에는 확실히 놀랍도록 모호한 부분이 있어. 이처럼 아무런 계획도 없고 체계도 없는 해석학에 그렇게 많은 수학자가 매달려 연구하다니 정말이지 기적이 아니고 뭔가? 최악의 상황은 바로 어느 누구도 해석학을 엄밀하게 다루지 않았다는 것이지. 고등 해석학에서 논리적으로 타당한 방식으로 증명한 정리는 거의 없어. 사람들은 이처럼 특수한 상황을 일반화하는 신뢰할 수 없는 추론법을 여기저기에서 발견하지만 이런 방식으로는 궤변밖에 도출해낼 수 없다는 사실이 정말 황당하고 놀랍다네.

해석학에 진정한 엄밀성을 가한 연구는 볼차노(Bernard Bolzano, 1781~1848)와 코시, 아벨, 디리클레(Peter Dirichlet, 1805~1859)가 시작하였고 바이어슈트라스(Karl Weierstrass, 1815~1897)가 크게 발전시켰다.

1799년 가우스는 기하학을 연구하여 대수학의 기본 정리, 즉 "모든 정수 차수의 방정식은 하나 이상의 근을 갖는다"를 증명했다. 볼차노는 산술과 대수학, 해석학으로부터 추론하여 이를 증명하려고 했다. 라그랑주가 시간과 운동을 수학에 도입할 필요가 없다고 말했듯이 볼차노 역시 자신의 증명에서 공간적 직관을 배제하려고 했다. 이를 위해서는 먼저 적절한 연속성의 정의가 필요했다.

사실 피타고라스 학파가 기하 문제에서 양을 수로 대신하려고 했을 때 직면한 문제는 역시 '연속성'이었다. 뉴턴은 연속 운동의 직관을 이용하여

: 1805년, 코시는 16세의 나이에 수학으로 유명한 파리 이공대학에 차석으로 합격했다. 1810년에 우수한 성적으로 졸업한 코시는 출중한 실력과 진취적인 정신을 인정받아 군사공학도에 임명되었다. 그리고 프랑스의 항구 도시 세르부르에서 영국의 공격을 방어하기 위한 공사를 맡았다. 그의 간소한 짐 속에는 라플라스의 《천체 역학》과 라그랑주의 《해석함수론》이 들어 있었다. 코시는 여러 대수학자의 저서를 읽고 당시 최첨단 수학에 직접 파고들었기 때문에 그의 수학 인생은 처음부터 큰 주목을 받았다. 복소함수는 코시가 거의 혼자서 정립했다고 해도 과언이 아니다. 미분 방정식 역시 그의 뛰어난 업적에 의해 발전할 수 있었다. 대수학과 기하학, 수론과 미분 기하학 역시 코시가 크게 기여한 분야다. 물론 코시의 가장 큰 업적은 미적분 원리의 엄밀성에 튼튼한 기초를 닦았다는 점이다.

연속성 문제를 피해가려고 했고 라이프니츠 역시 자신의 '연속성 공준'을 이용하여 이 문제를 벗어나려고 했다. 이제 해석학은 또다시 많은 수학자를 역사의 출발점으로 되돌려놓았다. 그리고 이 문제가

: (위) 코시 탄생 200주년 기념우표. (아래) 코시가 왕립 종합기술대학을 위해 저술한 교과서 《무한소 분석 개요》.

유럽 수학의 변방인 프라하에서 해결되었다는 사실은 수학 역사의 아이러니가 아닐 수 없다.

볼차노는 극한 개념을 이용하여 연속에 대한 개념을 분명히 한 최초의 수학자였다. 즉 함수 $f(x)$가 있을 때 한 구간 내의 임의의 값 x, 양이든 음이든 관계없이 충분히 작은 Δx에 대해 $f(x+\Delta x)-f(x)$가 주어진 임의의 값보다 항상 작을 때, 볼차노는 이 함수 $f(x)$는 '이 구간에서 연속'이라고 정의했다. 이 정의는 조금 후에 나온 코시의 정의와 큰 차이가 없다.

1843년 볼차노는 미분 불가능한 함수의 예를 제시했다. 이 예는 '결정적 실험(crucial experiment)'이 과학 발전에 기여한 공로에 비견될 만큼 수학에서 중요한 의미를 가진다. 즉 몇 세기에 걸쳐 기하학과 물리학의 직관이 만들어낸 인식의 오류, 가령 "연속 함수는 반드시 도함수(어떤 함수를 미분하여 얻은 함수 – 역주)를 가진다"의 잘못을 증명했다! 하지만 볼차노의 연구 결과 대부분이 알려지지 않았기 때문에 그의 탁월한 아이디어는 당시 미적분 연구에 결정적인 영향을 미치지 못했다. 연속 함수의 미분 불가능 문제는 약 30년이 더 흐른 뒤 바이어슈트라스의 유명한 예제를 통해 다시 주목받았다.

어쩌면 바이어슈트라스의 예제가 좀 더 일찍 출현하지 않은 것이 미적분 발전사에는 행운일지도 모른다. 1905년 프랑스의 수학자로 해석학 연구에 업적을 남긴 피카르(Emile Picard)는 "만약 뉴턴과 라이프니츠가 연속 함수가 반드시 미분 가능하지는 않다는 사실을 알았다면 미분학은 탄생하지 않았을지도 모른다"라고 말했다. 그의 말처럼 엄밀한 아이디어는 때때로 창조를 방해하기도 한다.

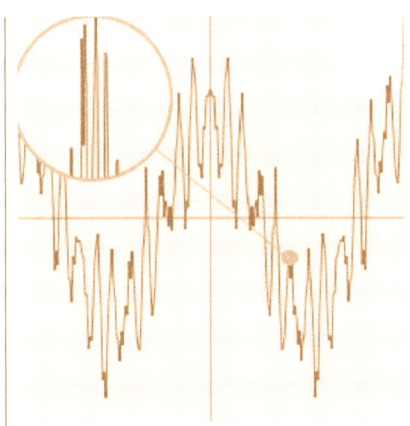

• 18세기 수학자는 연속 함수에 많은 두드러진 성질이 있다고 믿었다. 가령 '연속 함수는 반드시 미분 가능하다' 등이다. 그러나 바이어슈트라스는 '모든 구간에서 연속이지만 모든 구간에서 미분 불가능한 함수'를 만들어 함수에 대한 인식을 철저히 바꿔놓았다.

미적분의 취약한 기초에 대해 논쟁이 점차 가열되면서, 코시는 극한이야말로 문제해결의 열쇠임을 간파했다. 코시의 극한 개념은 산술에 기반을 두고 있다.

코시는 "하나의 변수가 하나의 극한에 무한히 가까워진다"는 정의를 내렸다. 이에 대해 바이어슈트라스는 "이런 정의는 불행히도 시간과 운동을 연상시킨다"며 비판했다. 볼차노와 코시는 함수의 연속성과 극한을 정의하면서 '임의의 값보다 작은 값으로 바뀌고 이를 유지하는 값'이라는 모호한 말을 사용했다. 이 정의의 불확실성을 피하기 위하여, 바이어슈트라스는 유명한 'ε-N (ε-δ)' 정의를 사용했다. 'ε-N (ε-δ)' 정의에 의해 극한과 연속성은 최초로 기하학과 운동의 굴레에서 벗어나 순수한 수와 함수의 개념을 이용한 명확한 정의를 갖게 되었다. 나아가 기존의 모호한 '동적' 묘사에서 벗어나 엄밀

: 바이어슈트라스. 일반적으로 일류 수학자가 되려는 사람은 어려서부터 수학을 열심히 공부해야 하며 초등 수학 강의에 너무 힘을 낭비해서는 안 된다. 하지만 이 두 가지 '법칙' 이 바이어슈트라스에게는 예외였다. 그는 26세부터 15년간 고등학교 수학교사로 일했다. 하지만 고독한 수학교사의 삶이 수학에 대한 창의력을 없애진 못했다. 오히려 당시의 주류 수학의 영향을 받지 않고 순수한 사유의 우주 속에서 마음껏 독창력을 키워나갔다. 바이어슈트라스는 '수학적 양심의 대표자'이며 '바이어슈트라스의 엄밀함'은 '극도로 엄밀한 추론'과 동의어였다. 그의 수학적 아이디어는 강의를 통해 전 세계로 확산되어 거의 한 세대에 걸쳐 수학자에게 영향을 주었다. 프랑스의 수학자 푸앵카레는 "바이어슈트라스는 가우스와 리만에 이어 19세기 독일의 국보급 수학자"라며 그를 극찬했다.

한 '정적' 개념으로 바뀌었다. 이는 변수를 다루는 수학 분야에서 하나의 혁명이 아닐 수 없다. 오늘날 'ε-δ 정의'는 현대 수학의 모든 분야에 깊이 파고들어 광범위하게 응용되고 있다. 독일의 유명한 수학자 힐베르트(Hilbert)는 다음과 같은 말로 그의 업적을 기렸다.

바이어슈트라스는 탁월한 비판 정신과 깊은 통찰력으로 해석학의 튼튼한 기반을 다졌다. 극소와 극대, 함수와 미분계수 등 개념을 명확히 함으로써 그는 미적분에서 여전히 존재하는 여러 잘못된 표현법을 제거했고 무한대와 무한소 등 혼란스러운 개념을 버렸다. 이로써 무한대나 무한소 등 막연한 개념에서 나온 여러 난관을 극복하는 데 결정적으로 기여했다. …(중략) 오늘날 해석학이 이처럼 완벽하고 신뢰할 수 있는 수준에 이른 것은 본질적으로 바이어슈트라스의 업적 덕분이다.

극한에 대한 명확한 정의가 내려진 후 무한소는 '0에 무한히 근접하는 변하는 값'으로서 함수의 범주에 포함되었다. 무한소는 이제 더 이상 '아르키메데스 수 체계에 섞여 있는 고삐 풀린 망령'이 아니었다.

극한과 무한소, 함수의 연속성에 대한 개념이 정립된 후 해석학의 중요한 성질이 속속 밝혀졌다. 바이어슈트라스는 1860년 볼차노의 '최소상계 원리'를 이용하여 '집적점(集積點, cluster point)의 원칙'을 증명했다. 그리고 베를린에서는 폐구간(閉區間, closed interval)에서 연속인 함수의 '최대 최소의 정리'를 발표했다. 1870년 하이네(Heinrich Heine)는 균등 연속성(uniform continuity)을 정의했고 이후 폐구간에서 연속인 함수의 균등 연속을 증명했다. 하이네는 증명에서 '유한 덮개(finite covering)'라는 성질을 이용했고 1895년 보렐(Emile Borel)은 이것을 하나의 독립된 정리로 만들었다. 1892년 바흐만(Paul G. H. Bachmann)이 '축소구간(nested interval)'의 성질을 밝혀냈다. 이를 바탕으로 연속성과 미분 가능성, 연속성과 적분 가능성, 무한급수의 수렴성 등에 대한 깊이 있는 연구가 이루어졌다.

산술과 기하학 사이의 간극을 없애다

볼차노와 코시, 바이어슈트라스 등의 노력으로 해석학은 매우 엄밀한 수학이 되었고 미적분학은 기존의 기하학적 개념과 운동, 직관적 이해의 틀에서 완전히 벗어났다. 그리고 이런 연구 결과는 처음부터 수학계의 지각 변동을 일으켰다. 코시가 파리 과학원의 한 회의에서 급수의 수렴성 이론을 발표하자 라플라스는 회의가 끝나기 무섭게 황급히 집으로 달려가 두문불출하며 그의 《천체 역학》에서 사용한 급수를 조사했다. 다행히 이 책에서 사용한 급수는 모두 수렴이었다고 전해진다.

해석학이 더욱 엄밀해지면서 여러 새로운 인식이 나타났다. 첫째, 수 체계에 대해 명확히 이해하지 않으면 안 되었다. 가령 볼차노는 폐구간 연속 함수에 관한 '영점 정리' 증명에서 큰 오류를 범했는데, 바로 실수 체계에 대한 충분한 이해 부족 때문이었다. 둘째, 극한을 심도 있게 연구하려면 실수 체계를 제대로 이해해야 했다. 코시는 수열의 수렴성에 대한 충분조건을 증명할 수 없었는데 그 이유 역시 실수 체계에 대한 인식 부족 때문이었다. 바이어슈트라스는 연속 함수의 성질을 엄밀히 밝히기 위해 수론의 연속성 이론을 필요로 했다. 이는 해석학의 산술화에 가장 큰 밑바탕이 되었다.

1872년은 근대 수학사에서 가장 중요한 해다. 클라인(Felix Klein)은 저명한 '에를랑겐 목록(Erlangen Programm, 변환군을 기준으로 기하학을 분류한 것. 이 책 253쪽 참고-역주)'을 발표했고 바이어슈트라스는 유명한 '모든 구간에서 연속이지만 모든 구간에서 미분 불가능한 함수'의 예를 찾았다. 또한 '3대 실수 이론', 즉 데데킨트의 '유리수의 절단(cut)' 이론, 칸토어(Georg Cantor)의 '유리수의 수열' 이론, 바이어슈트라스의 '유계 단조수열' 이론이 모두 1872년 독일에서 발표되었다.

실수 체계를 정립하려는 노력은 형식화의 논리적 정의를 만들기 위해서였다. 이를 통해 기하학의 간섭에서 벗어났고 또한 극한을 써서 무리수를 정의하는 논리적 오류를 피할 수 있었다. 이런 정의를 기반으로 미적분에서 극한의 기본 정리에 관한 유도는 더 이상 이론상의 혼란에 휘말리지 않았다.

도함수와 적분 역시 감성적 인식과 관련된 성질을 이용하지 않고 이들 정의로부터 직접 체계를 구축할 수 있었다. 미적분 발전의 역사에서 이미 증명되었듯이 기하학 개념은 명확하고 엄밀한 증명에 도움을 주지 못한다. 따라서 엄밀성은 수의 개념을 통해서 그리고 '수의 절단' 개념과 기하학적 양의 개념을 연관 지은 후에야 비로소 완성된다.

: 구(舊) 동독이 발행한 데데킨트 기념우표. 배경의 공식은 데데킨드의 이데일 분해 인자나.

데데킨트는 이 엄밀성의 정립 면에서 큰 공적을 남겼다. 왜냐하면 그의 '절단 이론'으로 정의한 실수는 공간과 시간의 직관에서 벗어난 인류 지혜의 결정체이기 때문이다.

데데킨트(J.W. Richard Dedekind, 1831~1916)는 가우스와 같은 고향인 브라운슈바이크에서 태어났다. 1850년 괴팅겐 대학에 입학하여 가우스의 제자가 되었고 그에게 크게 인정받았다. 데데킨트는 실수와 연속성 이론에서 큰 업적을 남겼는데, 바로 '절단 이론'에서 오직 산술만으로 무리수와 연속성을 정의한 것이다. 그는 《연속과 무리수》(1872)로 칸토어, 바이어슈트라스와 함께 현대 실수이론의 창시자로 불렸다. 그는 대수적 수론 분야에서 현대의 '이데알(ideal)' 개념을 도입했고 대수적 정수 집합에서 '이데알'의 유일한 분해 정리를 발견했다. 오늘날 이데알의 유일한 분해 조건을 만족하는 정수 집합을 '데데킨트 정수 집합'이라고 부른다. 그의 수론 연구는 19세기 수학에 심대한 영향을 끼쳤다.

1858년 데데킨트는 미적분을 강의하면서 해석학의 엄밀화를 위한 방법을 찾겠다는 희망을 밝히면서 그는 이렇게 말했다.

(전략) 이런 방식으로 미분학을 도입하는 것을 과학이라고 생각해서는

안 된다. 이 점은 이미 널리 알려진 사실이다. 나 역시 이런 불만족스러운 느낌을 떨칠 수 없기 때문에 앞으로 이 문제를 연구하기로 결심했다. 무한소 해석 원리를 위해 순수한 산술과 완벽하게 엄격한 기초를 정립할 때까지 이런 노력을 멈추지 않겠다.

데데킨트는 무리수의 정의 방법을 고민하지 않음으로써 코시가 직면한 악순환을 피할 수 있었다. 그는 대신 산술적 방법이 효과가 없다면 연속인 기하학적 수에서 이 문제를 해결할 수 있는 방법, 즉 '연속성의 본질'이 무엇일까 고민했다. 이 방향으로 연구를 거듭하면서 데데킨트는 직선의 연속성을 "한 군데 모여 있다"는 말로 모호하게 설명하지 않고, 그 대신 "점을 이용하여 직선을 구분하는 성질"로 이해하게 되었다.

그는 직선 위의 점을 두 부류로 나눌 수 있음을 알았다. 한 부류의 모든 점을 또 다른 부류의 모든 점 왼쪽에 두면 유일한 하나의 점만이 존재하는데 이로부터 '절단'이 생긴다. 하지만 이는 질서정연한 유리수 체계에서는 성립하지 않는다. 직선 위의 점이 연속성(continuum)을 이루지만 유리수는 그렇지 못한 이유가 바로 여기에 있다. 데데킨트는 "이처럼 평범한 관찰이 연속성의 비밀을 파헤쳤다"라고 말했다.

'3대 실수의 이론'은 본질적으로 무리수에 대한 엄격한 정의를 내렸고 나아가 완벽한 실수 체계를 구축했다. 실수 체계의 구축은 2천여 년간 산술과 기하학 사이에 존재했던 간극을 완전히 없앴다. 이로써 무리수는 더 이상 '황당무계한' 수에서 벗어났고, 고대 그리스 수학자가 구상했던 산술의 연속성 역시 엄격한 과학적 의미에서 실현되었다.

그다음 목표는 유리수의 정의를 내리고 성질을 규명하는 작업이었다. 바이어슈트라스와 페아노(Giuseppe Peano, 1858~1932)는 이 분야에서 탁월한 업적을 남겼다. 1859년을 전후하여 이들은 "자연수를 인정하기만 하면 실수를 정의하는 데 더 이상 다른 공리는 필요하지 않다"는 사실을 알게 되었다. 따라서 실수 이론 정립의 핵심적 요소는 유리수 체계였고, 유리수 체계를 확립하려면 먼저 정수의 기초와 정수의 성질을 확실히 규명해야 했다.

1889년 페아노는 우선 '공리화' 방법을 이용했다. 즉 일련의 공리

: 1890년 페아노는 하나의 정사각형을 채울 수 있는 곡선(페아노 곡선)을 구상했다. 페아노는 구간 [0, 1] 위의 점과 정사각형 위의 점의 대응에 대해 수학적으로 상세히 묘사했다. 정사각형 안의 이 점들은 $t \in [0, 1]$인 t에 대해 두 개의 연속 함수 $x=f(t)$와 $y=f(t)$를 규정할 수 있고, 단위 정사각형에 속하는 모든 값을 갖도록 x와 y를 만들 수 있다. 일반적으로 1차원 수는 2차원의 틀 안에 채워넣을 수 없다. 그러나 페아노 곡선은 교묘하게 그 반례(反例)를 보였다. 이는 차원(dimension)에 대한 인식에 오류가 있으며 차원수의 정의를 다시 내려야 함을 의미한다. 페아노 곡선은 전 구간에서 연속이지만 모든 점에서 미분 불가능한 곡선이다. 따라서 전통적 의미의 곡선을 연구할 때 '미분 가능' 조건을 추가해야만 페아노 곡선과 같은 특수한 예를 제외할 수 있다.

• 페아노는 수리 논리와 수학 기초의 선구자였다. 그는 누구나 이해하기 쉬운 기호를 사용한 일종의 표의문자(表意文字)를 창안했다. 그는 수학 각 분야의 여러 명제에 이 문자를 사용하면 각종 수학적 아이디어를 훌륭하게 표현할 수 있다고 설명했다. 러셀은 페아노가 이 발견을 통해 수학 원리에 대한 관점을 발전시킬 수 있었다며 찬사를 아끼지 않았다. 페아노는 정의를 내리지 않은 '집합' '자연수' '계수' '속한다' 등의 개념에서 출발해 자연수에 관한 다섯 가지 공리를 도출했다. 페아노의 이 공리시스템은 공리화의 모범이었고 당시 유행했던 '해석학의 산술화'에 마침표를 찍었다. 이 공리는 '페아노의 공리'로 불린다.

를 이용하여 정수를 도입했고 완벽한 자연수 이론을 구축했으며 많은 기호를 창안했다. 가령 '∈'는 '~에 속한다'를, '⊂'는 '집합의 포함 관계'를 나타낸다. 또한 'N'은 '자연수'를, '$a+$'는 'a에 이어지는 그다음 자연수'를 가리킨다. 이들 기호는 현대 수학에도 큰 영향을 미쳤다.

하지만 페아노가 수업 시간에 실제로 이 기호를 사용하자 뜻밖의 상황이 발생했다. 학생들이 반기를 들었던 것이다. 그는 완전히 검증된 방법으로 학생들을 설득하려고 했지만 소용없었다. 결국 페아노는 사직서를 내고 토리노 대학으로 자리를 옮겼다.

크로네커(Leopold Kronecker, 1823~1891)는 "하느님은 정수(整數)만을 창조하셨다. 그 밖의 모든 수는 인간이 만들었다"고 말했다. 그러나 정수가 제아무리 조물주의 총아라고 해도 해석학의 산술화 과정에서 면죄부를 받을 수는 없었다.

통일성 추구는 수학 발전의 원동력이다. '해석학의 산술화' 과정 전체를 되돌아보면 출발점에 서 있을 당시 우리는 도착 지점이 어디인지, 어떤 길로 가야 할지 전혀 몰랐다는 사실을 알 수 있다. 즉 피타고라스 학파가 발견한 '같은 표준으로 잴 수 없는'(incommensurable)

문제', 제논의 역설이 가져온 '무한'의 개념에 대한 관심, 나아가 미적분학을 탄생시킨 여러 연구에서도 우리가 목표로 하는 '도착 지점'은 명확하지 않다. 그러나 후에 데데킨트와 칸토어, 바이어슈트라스 등의 수학자가 유리수의 기반 위에 무리수를 정의했고, 페아노가 자연수의 논리적 공리를 도출하는 데 성공했다. 이로써 유리수론이 완성되었고 실수 체계의 기초적 문제는 일단락되었다.

미적분학의 기본 개념, 즉 연속 변수의 극한, 도함수와 적분, 논리적 엄밀성과 형식적인 엄밀성 등은 유클리드 기하학만큼 찬사를 받았다. "구구귀일(九九歸一, 돌고 돌아서 결국 원점으로 돌아간다는 뜻-역주)"이라는 옛말이 있다. 만약 '구구귀일'의 '일(一)'을 자연수의 시작인 '1'로 이해한다면, 미적분학의 발전사에서 피타고라스의 명언 "만물은 수이다"가 얼마나 적절한 표현인지 새삼 깨닫게 된다.

• 푸앵카레는 19세기 말과 20세기 초를 대표하는 수학자로서 가우스에 이어 수학과 그 밖의 모든 수학 응용 분야를 광범위하게 연구한 마지막 학자였다.

1900년 파리에서 개최된 제2회 국제 수학자 회의에서 프랑스의 수학자이자 물리학자이며 천문학자이기도 한 푸앵카레는 다음과 같이 자랑스럽게 선언했다.

오늘 우리는 해석학 연구에서 끊임없이 엄밀성을 추구한다면 우리를

: 푸앵카레와 마리 퀴리가 1911년 솔베이 회의(물리학과 화학의 중요한 문제를 해결하기 위한 기구-역주)에서 문제를 토론하고 있다. 뒷줄 오른쪽 첫 번째가 아인슈타인.

속이지 않는 것은 단지 '3단 논법' 또는 '자연수'로 귀결되는 직관밖에 없다는 사실을 발견했습니다. 오늘 우리는 자랑스럽게 선언합니다. 절대적인 엄밀성이 이미 실현되었다고!

푸앵카레는 수학과 수리 물리학, 천체 역학에서 탁월한 창의력을 보였고 기반을 튼튼히 했다. 그는 '푸앵카레 추측'과 '푸앵카레군(群)'을 제시했다. 푸앵카레는 '삼체(三體, three-body)' 문제 연구에서 혼돈이 시스템을 결정한다는 사실을 최초로 발견하여 현대의 '카오스 이론(chaos theory)'에 초석을 놓았다. 푸앵카레는 심지어 아인슈타인보다 앞서 특수 상대성 이론을 제시하기도 했다.

특히 푸앵카레의 추측은 그가 1904년에 제기한 수학적 난제로 '3차원에서 두 물체가 특정 성질을 공유하면 두 물체는 같은 것'이라는 이론이다. 이것은 미분방정식의 곡면 분류에 관심을 갖던 푸앵카레가 "단일 연결인 3차원 공이 한없이 수축되어 하나의 점이 된다면 이것은 반드시 구(공)로 변환된다"는 문제를 제기한 것에서 비롯되었다.

그후 100여 년간 수많은 수학자들이 이 난제를 풀려고 시도했지만 실패했다. 그러다가 2005년 러시아 수학자 그레고리 페델만이 이 난제를 증명하는 데 성공했다.

제10장
수학의 새로운 시대

20세기 초 서양의 산업 문명은 유럽 대륙 전체를 환하게 비췄고 기계 돌아가는 소리가 곳곳에 울려퍼졌다. 이 20세기를 여는 첫 해인 1900년 4월 개최된 파리 만국박람회는 서양 사회가 19세기에 이룩한 모든 기술적 성과를 유감없이 과시하는 무대였다. 세기가 교차하는 바로 그 시점에 과학기술은 새로운 도약을 준비하고 있었고 정치 세력은 세계의 판도를 새로 짜고 있었다.

수학의
새로운 시대

모든 수학 문제는 해답을 찾을 수 있다

20세기 초 수학은 어떤 방향으로 발전해나갈까? 1900년 8월 6일, 세계의 이목이 제2회 파리 국제 수학자 대회(ICM)로 집중되었다. 8월 8일 오전, 30대 후반의 한 남자가 단상으로 올라왔다. 그는 중간키에 호리호리한 체구를 가졌으며 이마는 넓고 눈빛은 빛났다. 그의 첫마디가 모든 참석자를 휘어잡았다.

우리 중 어느 누가 미래의 베일을 벗겨 우리 과학의 발전상과 신비로움을 알고 싶지 않겠습니까? 다음 세대의 수학자는 어떤 특수한 목표를 추구할까요? 광활하고 풍부한 아이디어의 바다에서 20세기에는 어떤 새로운 방법과 성과가 쏟아져나올까요?

이 훌륭한 기조연설을 한 사람이 바로 다비드 힐베르트(David

Hilbert, 1862~1943)다.

힐베르트는 동 프로이센의 쾨니히스베르크 교외에서 태어났다. 쾨니히스베르크는 오늘날 러시아에 속하며 과거 칼리닌그라드로 불리기도 했다. 주위에는 폴란드, 리투아니아, 발트 해가 있다. 이곳에서 배출된 가장 유명한 인물이 철학자 임마누엘 칸트 (Immanuel Kant)이며 그 역시 수학과 깊은 인연을 맺었다.

힐베르트는 쾨니히스베르크 대학에 입학했다. 당시 독일의 대학교들은 2학기가 되면 본국의 다른 어느 대학에서나 수강할 수 있는 제도를 운영하고 있었다. 힐베르트는 독일 최고의 낭만과 격조가 넘치는 하이델베르크 대학을 선택했다. 제2차 세계대전 당시 독일은 옥스퍼드와 케임브리지를 공격하지 않았는데, 영국은 이에 대한 보답으로 하이델베르크와 괴팅겐을 공습하지 않았다고 한다.

괴팅겐은 독일을 대표하는 수학 도시다. 이곳에서 '수학의 왕자' 가우스와 그의 위대한 제자 디리클레, 리만 등

: 다비드 힐베르트. 다양한 수학 분야에서 중요하고도 독창적인 공헌을 한 대수학자로 '수학 세계의 알렉산더'로 불렸다.

: 쾨니히스베르크 중심가를 가로지르는 프레겔 강 위에는 일곱 개의 다리가 있다. 그중 5개는 강가와 강 중간의 작은 섬을 연결한다. 여기에서 유명한 수학 문제가 탄생했다. 다리를 한 번씩만 지나가며 모든 다리를 통과할 수 있을까? 단순해 보이는 이 문제는 후에 위상수학(topology)의 출발점이 되었고 오일러에 의해 해결되었다.

이 배출되었다. 힐베르트는 마음속 깊이 괴팅겐을 동경했다. 1895년 초봄 힐베르트는 33세의 나이로 괴팅겐 대학 교수로 부임했다. 그는 괴팅겐 대학이 이룩한 수학적 성과를 높이 평가하여 유명한 괴팅겐 학파를 이끌었다. 그의 노력으로 괴팅겐은 당시 세계 수학 연구의 메카로 성장했고, 현대 수학에 크게 기여한 수많은 학자를 길러냈다.

힐베르트의 주요 연구 분야는 불변량 이론과 대수의 수 체계 이론, 기하학 기초, 적분 방정식, 물리학, 일반 수학 기초론 등이었고, 이 기간 함께 연구한 분야로 디리클레 원리와 변분법, 웨어링의 문제(Waring's problem), 특정값 문제, 힐베르트 공간 등이었다. 이처럼 그는 다양한 수학 분야에서 중요하거나 독창적인 공헌을 했기 때문에 전기 작가 콘스탄틴 리드는 《현대 수학의 아버지 힐베르트》에서 그를 "수학 세계의 알렉산더"라고 극찬했다.

이제 그의 연설로 돌아가보자. 힐베르트는 과학의 세계에는 시대마다 새로운 문제가 제시되고 이 문제의 해결이 과학 발전에 중요한 의의를 가진다고 역설했다. 그는 "과학은 각 분야에서 많은 문제가 제시되어야만 생명력을 가질 수 있고 문제가 없다면 과학은 독립적인 발전의 동력을 상실한다"라고 말했다. 이 말은 힐베르트가 전 세계 수학자에게 던진 진심 어린 충고였다.

역사는 우리에게 과학 발전은 연속성을 갖는다는 점을 일깨워줍니다. 우리는 시대마다 새로운 문제가 제시된다는 점을 알고 있습니다. 이 문제는 해결되기도 하고 또는 아무런 이익이 없기 때문에 잊히거나 새로운 문제로 대체되기도 합니다.

이제 우리가 미래 수학 지식 세계를 전망한다면, 과거 해결되지 못한

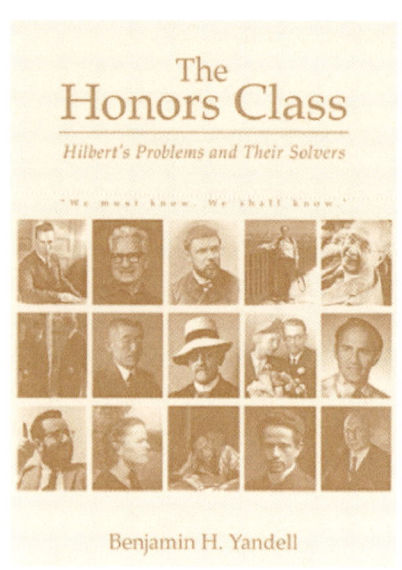

: 《명예의 전당(The Honors Class)》. 힐베르트 문제와 이를 해결한 수학자의 이야기를 담고 있다.

문제를 먼저 살펴보고 현재 과학에서 제시되었거나 앞으로 해결될 가능성이 있는 문제부터 검토해봐야 합니다. 저는 세기가 교차되는 지금 이 순간이 점검의 최적기라고 생각합니다. 왜냐하면 한 위대한 시대의 종식은 우리에게 과거를 되돌아보게 하고 우리의 아이디어를 미지의 미래로 이끌어주기 때문입니다.

힐베르트는 기조연설의 도입부에서 강한 신념을 밝혔다. 첫째, 제시된 모든 수학 문제는 명확한 해답을 얻을 수 있다. 둘째, 정답은 아니더라도 긍정적인 해답을 얻을 수 있다. 셋째, 만약 해답이 없다면 해의 불가능을 증명할 수 있다. 과거에는 "우리는 모르고 앞으로도 영원히 알지 못한다(ignoramus et ignorabismus)"라는 말이 유행하기도 했다. 하지만 힐베르트는 이런 비관적 견해를 연설을 통해 공개적으로 비판했으며 감동적인 언어로 연설의 도입부를 마쳤다.

모든 수학 문제는 해답을 찾을 수 있다는 믿음이 수학자에게 크나큰 용기를 줍니다. 우리는 다음과 같은 이야기를 자주 듣습니다. '여기에 수학 문제가 하나 있는데 답을 찾아보라. 당신은 생각만으로 답을 찾을 수 있을 것이다. 왜냐하면 수학 사전에 'ignorabismus(알 수 없다)'란 말은 없으니까!'

힐베르트는 이어 참석자들에게, 국제 수학계에서 유명한 '힐베르트 문제' 23개를 제시했다. 그의 연설은 수학사의 획기적인 이정표로서 20세기 수학 역사에 찬란한 한 페이지를 장식했다.

지난 100여 년간 많은 수학자가 비록 일부라 하더라도 '힐베르트 문제'의 해결을 지상 최고의 영예로 생각했다. 23개의 문제 가운데 현재까지 일부는 이미 해결되었고 일부는 큰 성과를 거뒀으며 또 일부는 별 진전이 없다. 그럼에도 여전히 많은 수학자가 해답을 얻기 위해 노력하고 있다. 《네이처》지는 "20세기 수학자 가운데 힐베르트 문제에서 완전히 벗어나 독자적인 업적을 남긴 사람은 거의 없다"라고 평한 바 있다.

쾨니히스베르크 시의 명예시민으로 선정된 힐베르트는 1930년에 고향으로 돌아왔는데, 이때 그의 나이는 이미 68세였다. 정수리는 거의 벗겨져 이마가 훤히 드러났지만 파란 두 눈에는 날카로움과 끊임없이 탐구하는 학자 정신, 그리고 천진난만함이 그대로 남아 있었다. 그는 감격에 찬 목소리로 답례 연설을 했다.

"자연과 생명에 대한 이해는 우리의 가장 숭고한 과제입니다."

그의 예지와 낙관적 사고가 또다시 그의 목소리를 타고 전 세계로 퍼져나갔다.

힐베르트는 정직한 과학자였다. 그는 제1차 세계대전 발발 직전, 독일 정부가 거짓 선전을 위해 발표한 〈문명 세계에 고함〉에 서명하기를 거부했다. 또한 제1차 세계대전 동안에는 '적대국의 수학자'인 다르부(Jean-Gaston Darboux, 1842~1917)를 추도하는 글을 공개적으로 발표하기도 했다. 히틀러 집권 이후 힐베르트는 유대인 과학자를 배척하고 핍박하는 나치의 정책에 저항하며 진정서를 제출했다. 나

: 힐베르트의 묘비. 아래 부분에 쾨니히스베르크 연설의 마지막 구절이 새겨져 있다. "우리는 알아야 한다. 우리는 알게 될 것이다!"

치 정권의 압박이 심해지자 많은 과학자가 외국으로 떠났고 한때 전성기를 누리던 괴팅겐 대학도 쇠퇴하고 말았다. 힐베르트 역시 1943년에 쓸쓸히 삶을 마감했다. 하지만 힐베르트의 정신은 역사 속에서 살아 숨쉬며 영원히 메아리치고 있다. 다음은 그가 쾨니히스베르크 연설에서 한 마지막 구절이다.

Wir müssen wissen 우리는 알아야 한다.
Wir werden wissen 우리는 알게 될 것이다!

모든 기하학을 통일된 형식으로 나타내다

기하학의 종류는 과연 몇 가지나 될까? 유클리드 이후 기하학이란 2차원(평면 기하학) 또는 3차원(공간 기하학) 유클리드 기하학을 의미한다. 19세기 초반 이후, 기하학의 발전은 이런 상황을 더욱 복잡하게 했다. 수학의 발전과 응용은 4차원 또는 그 이상의 기하학을 필요로 했다. 기존 유클리드 기하학의 기초를 다시 검토함으로써 평행선 공리와 기타 공리의 독립성이 밝혀졌고 비유클리드 기하학이 탄생했다. 사영(射影) 기하학의 경우 새로운 '점(무한 원점)'이 도입되었다.

1872년 클라인은 에를랑겐 대학에서 '근대 기하학 연구에 관한 비교 고찰'이라는 제목의 교수 취임 연설을 했다. 그는 이 연설에서 변환군(transformation group)*이 기하학에서 주도적 역할을 한다는 점을 논하고 당시까지 밝혀진 모든 기하학을 변환군론의 관점으로 통합했다. 그는 또한 기하학을 '한 변환군 아래에서 불변하는 성질'로 새롭게 정의했다. 그의 이런 견해는 기하학의 연구에서 변환군이 갖는 중요성을 잘 보여주었으며 후에 '에를랑겐 목록'으로 불리게 되었다.

클라인은 여러 기하학을 '각종 군(group)의 불변하는 성질에 관한 이론'으로 인식했다. 이로써 1860년대에 발견된 각종 기하학 상호 간에 더욱 깊은 연관성이 밝혀졌다. 변환군을 이용하여 기하학을 분류하는 구상은 '에를랑겐 목록'의 핵심 내용이다. 예를 들어 ①운동을 적용할 때 변하지 않는 성질을 연구하는 기하학은 '유클리드 기하학', ②아핀(affine)** 변환을 적용할 때 불변하는 성질을 연구하는 기하학은 '아핀 기하학', ③사영 변환을 적용할 때 불변하는 성질을 연구하는 기하학은 '사영 기하학' 등이다. ④운동하는 군에서 길이와 각도, 넓이와 평행, 복비(cross-ratio)와 점의 나열, 선의 연결 상태 등은 모두 불변이다. ⑤아핀 변환에서 길이와 각도, 넓이는 변하지만 같은 방향의 선분에 대한 점의 나열과 평행, 복비와 선의 연결 상태는 불변이다. ⑥사영군에서 길이와 넓이, 평행은 변하지만 복비와 선의 연결 상태는 불변이다. 왜냐하면 운동군은 아핀군의 부분군

---

* 일반적으로 집합 X의 각 원소 x에 집합 y의 원소를 대응시키는 규칙이 정해질 때, 이를 X에서 Y로의 '변환'이라고 한다. 집합 A의 원소 x를 A의 원소 x'로 옮기는 변환을 σ, x'를 x''로 옮기는 변환을 τ라 할 때, 이것을 $x' = \sigma(x)$, $x'' = \tau(x')$로 나타내면, $x'' = \tau(\sigma(x))$이다. 이것을 $x'' = (\tau \circ \sigma)(x)$로 쓰면 $\tau \circ \sigma$도 A의 원소를 A의 원소로 옮기는 변환이다. A의 변환, σ, τ, …의 집합을 B라고 하고 B의 두 원소의 결합을 위와 같이 정의할 때, B가 군을 이루면 B를 A 위의 '변환군'이라고 한다.

** 한 벡터공간을 다른 벡터공간으로 대응시키는 변환으로, 선형 변환과 평행 이동 변환의 합성으로 이루어져 있다. 수식으로 표기하면, 아핀 변환 $T(x) = Ax + b$이며, 여기에서 A는 행렬, x와 b는 벡터이다.

∙ 독일의 저명한 수학자 F. 클라인은 비유클리드 기하학과 연속군론, 대수 방정식론, 보형 함수론(automorphic function) 등 분야에서 탁월한 업적을 남겼다. 1872년 클라인은 에를랑겐 대학에서 '근대 기하학 연구에 관한 비교 고찰'이라는 제목으로 연설을 했는데 변환군을 이용하여 기하학을 분류했다. 그는 군의 개념을 보형 함수와 타원 모듈러 함수, 선형 미분 방정식, 아벨 함수 등에 적용했다. 그는 중등 교육과정의 수학 내용과 방법에 대한 개혁을 최초로 주장하여 근대 수학 교육에 큰 영향을 미쳤다. 클라인은 또한 훌륭한 수학의 '조직자'였다. 그의 노력에 힘입어 힐베르트와 민코프스키(Hermann Minkowski, 1864~1909)가 괴팅겐 대학으로 왔고 괴팅겐은 20세기 세계 수학의 중심지로 성장할 수 있었다. '배낭을 메고 괴팅겐으로 가재'는 당시 수학계에 유행했던 슬로건이었다.

∙ 국제수학교육위원회(ICMI)는 2000년 연차 총회에서 두 개의 수학 교육 연구 상을 제정했다. 그중 하나가 제1회 ICMI 의장 클라인의 이름을 딴 '클라인 상'이다. 클라인 상은 평생의 연구 실적 전체를 기준으로 수여한다.

(subgroup)이며 아핀군은 사영군의 부분군이기 때문이다.

위의 내용에 따르면 하나의 변환을 적용할 때 변하지 않는 성질은 그 부분군에도 반드시 적용되지만 그 역이 반드시 성립하는 것은 아니다. 다시 말하면 군의 크기가 클수록 기하학적 내용은 적고 군이 작을수록 기하학적 내용은 많아진다. 예를 들어, 유클리드 기하학에서는 아핀 기하학의 성질을 논할 수 있지만 아핀 기하학에서 거리와 각도 등을 논하는 것은 아무런 의미가 없다.

에를랑겐 목록은 기하학에 대한 인식을 심화했다는 데서 의미를 찾을 수 있다. 즉, 모든 기하학을 통일된 형식으로 나타냄으로써 고전

기하학의 연구 대상을 명확히 할 수 있었다. 또한 추상 공간에 대응하는 기하학의 정립 방법을 보여주어 향후 기하학 발전의 방향을 제시해주었다. 이처럼 에를랑겐 목록은 큰 역사적 의미를 담고 있다.

수학의 기초를 다지는 계기, 러셀의 역설

1870년대 독일의 수학자 칸토어는 무한집합론을 창시하여 수학의 통합을 시도하는 새로운 방법을 제시했다. 1872년 F. 클라인이 발표한 에를랑겐 목록은 기하학의 통합을 의미한다. 19세기 말 집합론을 이용해 해석학에 엄밀성과 정확성이 더해졌으며 나아가 수학 개념의 통합 역시 가능해졌다. 이로써 수학계 전체가 전례 없는 비약적 발전을 이룩하게 되었다.

하지만 기쁨은 오래가지 않았다. 왜냐하면 1903년 수학계를 발칵 뒤집는 사건이 발생했기 때문이다. 영국의 수학자 러셀(Bertrand Russel, 1872~1970)은 유명한 '러셀의 역설'을 발표하며 집합론의 문제점을 제기했다. 러셀의 역설은 마치 잔잔한 호수에 거대한 바위 하나를 던지듯 크나큰 반향을 불러왔고 수학계는 제3의 위기를 맞았다.

러셀의 역설은 수학자들이 절박한 심정으로 수학의 여러 기초적 문제를 다시 연구하는 최초의 계기가 되었다.

모든 집합을 두 부류로 나누어 하나의 집합은 자신을 원소로 하고 또 하나의 집합은 자신을 원소로 하지 않는다고 가정하자. 이때 첫 번째 집합이 구성하는 모든 집합을 P, 두 번째 집합이 구성하는 집합을 Q, 즉 $P=\{A|A \in A\}$, $Q=\{A|A \notin A\}$라고 하자. 그렇다면 $Q \in P$인가 아니면 $Q \in Q$인가? 이것이 그 유명한 '러셀의 역설'이다.

: "수학의 본질은 자유다." - 칸토어

칸토어는 19세기 말부터 20세기 초에 활약한 독일의 수학자이다. 그는 집합론의 창시자이며 수학사상 상상력이 가장 풍부하고 가장 논란의 중심에 서 있었던 인물이다. 19세기말 연속성과 무한에 관한 그의 연구는 그 당시 무한의 활용과 해석에 관한 수학계의 전통을 뿌리부터 흔들어놓았다. 이로 인해 치열한 논쟁이 발생했고 그는 많은 비난을 받았다. 하지만 수학의 발전은 결국 칸토어의 손을 들어주었다. 그가 창시한 집합론은 20세기 최고의 수학 업적으로 평가받고 있다. 집합의 개념은 수학 연구의 영역을 크게 넓혔고 수학의 구조에 새로운 토대를 마련해주었다. 집합론은 현대 수학뿐 아니라 현대 철학과 논리학에도 큰 영향을 주었다. 힐베르트는 "어느 누구도 칸토어가 우리를 위해 만들어준 낙원에서 우리를 쫓아낼 수 없을 것"이라며 그를 극찬했다.

: "나는 결코 신앙을 위해 봉사하지 않겠다. 내가 잘못했을 수도 있으니까." - 러셀

1890년 러셀은 케임브리지 대학 트리니티 칼리지에서 철학과 논리학, 수학을 배웠다. 1908년 트리니티 칼리지 연구원 겸 영국 왕립학회의 회원에 선정되었다. 1920년 러셀은 러시아와 중국을 방문했고 베이징에서 1년간 강의를 맡았다. 미국의 인문철학자 존 듀이(John Dewey)와 같은 기간 중국에서 강의했고, 젊은 시절의 마오쩌둥(毛澤東)은 중국 창사(長沙)에서 그의 서기원으로 일하기도 했다. 유럽으로 돌아온 후 《중국 문제》를 저술했는데, 중국의 국부로 추앙받는 쑨원(孫文)은 "중국을 진정으로 이해한 유일한 서양인"이라며 그를 칭송했다. 1950년 러셀은 다양하고 중요한 작품으로 끊임없이 인도주의적 이상과 사상의 자유를 추구한 공로를 인정받아 노벨문학상을 수상했다. 1954년 4월 러셀은 유명한 '러셀-아인슈타인 선언'에서 세계 각국 정부에게 핵무기를 전쟁 수단으로 사용하지 말고 평화적인 분쟁 해결을 위해 노력하라고 촉구했다. 아인슈타인은 임종 직전 이 선언에 서명했고 유카와 히데키, 라이너스 폴링 등 많은 노벨상 수상자가 이 선언에 동참했다.

러셀의 역설에는 다른 통속적인 버전이 있는데 '이발사의 역설'이 가장 대표적이다. 어느 도시에 한 이발사가 있었다. 그는 다음과 같은 광고 문구를 만들었다. "저는 이 도시에서 가장 뛰어난 이발사입니다. 저는 이 도시에 사는 분 중 스스로 면도를 하지 않는 분들에게만 면도를 해드리겠습니다. 스스로 면도하지 않는 여러분들은 어서 오십시오. 환영합니다." 과연 수많은 사람이 면도를 하러 이 이발소로 몰려왔다. 물론 이들 모두는 스스로 면도를 하지 않는다. 하지만 어느 날 이 이발사는 거울을 보다가 수염이 많이 자랐음을 깨달았다. 그는 직접 면도칼을 집어들었다. 그는 과연 스스로 면도를 할 수 있을까? 만약 그가 직접 면도를 하지 않는다면 그는 '스스로 면도하지 않는 사람'에 속하게 되므로 그는 자신에게 면도를 해줄 수 있다. 하지만 만약 그가 직접 면도를 한다면 그는 또한 '스스로 면도를 하는 사람'에 속하므로 그는 자신에게 면도를 해줘서는 안 된다!

익살스러운 이 이야기는 수학기초론 발전에 지대한 영향을 미쳤다. 수학기초론을 둘러싼 논쟁 속에서 현대 수학 역사에서 유명한 '수학의 3대 학파'가 출현하기도 했다.

수학의 3대 학파 출현과 논쟁의 확산

(1) 논리주의(logicism)

논리주의 학파의 핵심 주장은 "수학은 논리학적으로 환원될 수 있기 때문에 논리학의 일부에 불과하다"는 점이다. 그들은 수학의 개념은 명시적 정의(explicit definition)를 이용하여 논리적 개념으로부터 추론할 수 있고 또한 수학의 정리는 순수한 논리적 연역법을 통해 논리 공리로부터 유도할 수 있다고 믿었다. 러셀은 수학이란 단지 명제 p

에서 명제 q를 유도하는 연역의 총계라고 주장했다. 그는 수학 연구의 대상은 오직 형식 구조이므로 수학은 단지 형식만 있고 내용은 없다고 생각했다. 논리주의 철학의 기본 내용은 두 가지다. 첫째, 논리학이 우선이고 수학은 나중이다. 둘째, '수학'이란 건물은 완벽하게 논리학의 기반 위에 세울 수 있다.

(2) 직관주의(intuitionism)

직관주의 학파는 '수학은 인간의 두뇌 본연의 체조 활동이며 자유로운 사유를 통해 인간의 두뇌가 창조해낸 산물'로 인식한다. 그들은 수학의 대상과 진리는 수학의 이성 또는 직관에서 벗어나 독자적으로 존재할 수 없으며 수학 이론의 진위 여부는 오직 인간의 직관으로 판단할 수밖에 없다고 주장한다. 현대 직관주의 계통 이론의 창시자는 네덜란드의 수학자 브로워르(Luitzen Egbertus Jan Brouwer, 1881~1966)다.

앞선 선구자에 비해 그는 철학과 수학, 기타 많은 분야에서 더욱 철저하고 완벽하게 직관주의적인 견해를 발전시켰다. 그는 '개념적 사유'란 수학 그 자체의 일부가 아니라고 말했다. 또한 '개념'이란 '창조된 어떠한 성질을 이성(理性)을 통해 격리함으로써 만들어낸, 순수한 의미의 소극적 산물'에 불과하다고 생각했다. 또한 개념적 사유는 수학에 어떠한 기여도 할 수 없고 직관을 통해서는 개념적 사유를 발견해낼 수 없다고 주장했다. 또한 놀랍게도 직관주의 학파는 변증법을 포함한 배중률(排中律, A=B이거나 A≠B-감수자주)을 무한집합에 응용해서는 안 된다고 주장했는데 괴델(Kurt Gödel, 1906~1978)이 1931년 증명한 '불완전성의 정리'는 배중률이 절대적이라는 신념의 오류를 인식하는 계기가 되었다.

(3) 형식주의(formalism)

힐베르트는 직관주의를 반대하는 형식주의 학파의 가장 강력한 리더였다. 그는 수학의 사유의 대상은 기호 그 자체이며 기호가 바로 본질이라고 믿었다. 또한 공리 역시 기호의 집합체에 불과하며 참 거짓 여부에 관계없이 해당 공리 시스템에 모순이 없으면 수용 가능하다고 생각했다.

힐베르트는 두 가지 기본 원칙을 세웠다. 첫째는 형식주의 원칙이다. 모든

: 괴델은 체코에서 태어나 미국 프린스턴에서 사망했다. 그는 20세기 최고의 수리 논리학자로서 그의 '불완전성의 정리'는 20세기를 통틀어 가장 계발성이 뛰어난 발견의 하나로 손꼽힌다. 1940년 그는 러시아와 일본을 거쳐 미국에 도착했으며, 그후 프린스턴에 정착했다.

기호는 완전히 의미 없는 내용으로 볼 수 있다. 즉 기호와 공식 또는 증명에 어떤 실질적인 의미 또는 가능한 해석을 부여할 필요 없이 단지 순수한 형식적 대상으로 간주하고 이들의 구조적 성질을 연구하면 된다는 원칙이다. 두 번째는 유한주의(有限主義) 원칙이다. 즉 유한한 기계적 절차를 통해 형식 이론 안의 여러 공식이 참인 증명인지 항상 검증할 수 있다는 원칙이다. 따라서 수학 그 자체는 형식적 연산 체계의 집합체이며 모든 공식 체계는 그 자체의 논리와 개념, 공리와 정리 및 유도 법칙이 포함되어 있다. 수학이 해야 할 과제는 공리 시스템이 규정한 모든 형식적 연역 체계를 발전시키고 모든 시스템 속에서 일련의 절차를 통해 정리를 증명하는 일이다. 그리고 이런 연역 과정에 모순점이 발생하지 않는다면 새로운 진리를 얻을 수 있다.

수학 3대 학파의 환생을 깬 괴델의 불완전성의 정리

: 괴델은 성격이 내성적이었고 아인슈타인은 외향적이었다. 하지만 너무나 다른 두 수학자는 프린스턴에서 둘도 없는 친구가 되었다.

이들 3대 학파가 수학 기초의 엄밀성을 더하기 위해 노력하는 동안 괴델의 연구 성과는 수학계 전체에 큰 충격을 가져왔다. 괴델은 어려서부터 호기심이 남달랐다. 청소년기에는 수학과 철학, 언어와 역사의 연구에 큰 열정을 보였다. 그는 빈 대학 시절 이론 물리학을 전공했지만 나중에 수학으로 전공을 바꿨다. 그리고 슐리크(Moritz Schlick)가 이끄는 '빈 팀'의 일원으로 수학과 과학에 대한 본질적이고 철학적인 연구를 수행했다. 1928년 브로워르의 강연을 듣고 수리 논리학 연구에 주력했다.

1929년 가을, 괴델은 박사 논문에서 하나의 논리의 완전성을 증명했다. 이는 '공리화'를 통해 수학의 기초를 구축하려는 형식주의 학파에게 큰 희소식이었다. 하지만 바로 다음 해 괴델이 발표한 또 다른 논문은 마치 '판도라의 상자'를 열어젖힌 것처럼 충격적인 결론을 담고 있었다. 그 논문의 제목은 〈《수학 원리》와 관련 시스템에 나타난 확정할 수 없는 명제들에 대하여〉(1931)였다.

그중 파괴력이 더 큰 결론의 내용은 다음과 같다.

"정수의 산술이 포함된 모든 수학 체계의 상호 융합성은 결코 몇몇 기초 학파(논리주의 학파, 형식주의 학파, 집합론 공리화 학파)가 채택한 논리적 원리를 통해서는 성립하지 않는다."

이처럼 3대 학파의 환상은 여지없이 깨졌고 수학의 '재난'이 강림했다! 이에 대해 독일의 수학자 바일(Hermann Weyl)은 "하느님은 존재하신다. 왜냐하면 수학은 틀림없이 상호 융합할 수 있기 때문이다. 악마 역시 존재한다. 왜냐하면 우리가 이런 상호 융합성을 증명할 수 없으니까"라고 한탄했다.

1933년 그는 미국 측의 초청으로 강의와 연설을 했고 그 과정에서 나중에 친구가 된 아인슈타인을 만났다. 1930년대 유럽에는 파시스트의 광기가 가득했다. 더구나 슐리크가 암살된 사건은 그에게 정신적 충격을 주었고 평생 동안 그의 연구 활동에 고통을 주었다. 제2차 세계대전 직전 그는 또 다른 중요한 연구를 완성했다. 이 내용이 바로 '집합론의 선택 공리 및 일반화된 연속체 가설 사이의 무(無)모순성'이다.

괴델의 영향력은 상상 외로 굉장했다. 2002년 여름 베이징 국제 수학자회의에서 호킹(Stephen Hawking, 1942~)이 발표한 보고서 제목이 바로 〈괴델과 M 이론〉이었다. 이 예만 보더라도 괴델의 영향력을 충분히 짐작할 수 있다. 오늘날 국제 물리학계에는 우주의 모든 물리현상을 설명할 수 있는 이른바 '초끈 이론(super-string theory, 1970~80년대 이후 미국의 이론물리학자 존 슈바르츠 등이 발전시킨 이론으로, 물질과 힘의 근본은 입자가 아닌 진동하는 작은 끈이라고 주장한다. -역주)'이 제시되어 있다. 하지만 호킹은 우주를 묘사할 수 있는 하나의 대

: 페르마의 고향 툴루즈에 세워진 조각상 '페르마와 수학의 신'. 그러나 페르마의 명성을 전 세계에 알린 사건은 따로 있었다. 바로 그가 공책 한 귀퉁이에 써넣은 글 '이곳은 여백이 좁아서 증명은 생략한다'이다.

통일 이론은 성립할 수 없다고 주장했다. 그런데 이 추론의 근거가 바로 수학자 괴델의 '불완전성 정리'였다.

괴델의 '불완전성 정리'가 수학계에 태풍을 몰고 온 후 수학의 근간에 관한 논쟁은 점차 약화되었고 많은 수학자가 수리 논리학의 구체적 연구에 몰두했다. 그리고 3대 학파가 수학의 기초 분야에서 이룩한 심오한 결과물은 모두 수리 논리학 분야의 연구에 포함되어 오늘날 현대 수리 논리학의 탄생과 발전에 크게 기여했다.

페르마 대정리의 증명, 수학의 새로운 영광이 찾아오다

괴델의 불완전성 정리 때문에 수학에 엄격한 기초를 세우려는 모든 노력은 물거품이 된 듯 보였다. 하지만 수학이라는 이름의 '나무'는 여전히 울창하고 무성했다. 특히 1994년 페르마 대정리가 완벽하게 증명되면서 수학은 그 무엇과도 비교할 수 없는 최고의 영예를 얻었다.

'직각삼각형의 빗변의 제곱은 나머지 두 변의 제곱의 합과 같다'를 기호로 표시하면 $x^2+y^2=z^2$이다. 이는 인류가 발견한 최초의 수학 정리로서 이미 고대 이집트와 바빌로니아에 관련 기록이 있다. 고대 그리스 수학자는 이를 '피타고라스의 정리'라고 불렀다. 기원전 2세

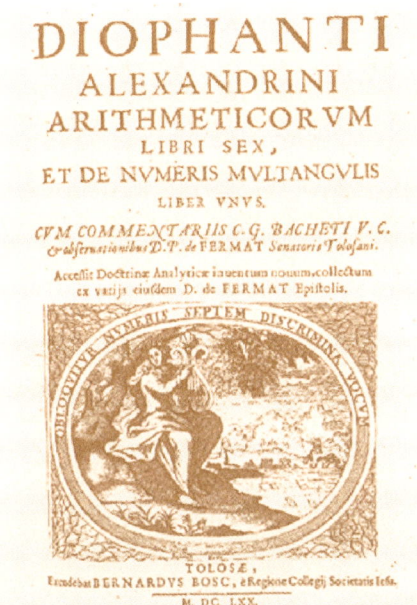

: (왼쪽) 1670년 툴루즈에서 출판된 페르마의 유고작 《디오판토스》. (오른쪽) 전 세계의 이목을 집중시킨 문제의 그 책 속의 한 페이지. 정말로 이 책의 '여백'은 너무 좁다! 그러나 350년 뒤 와일즈는 당시 최첨단 수학을 총동원하여 200페이지 가까운 논문을 써서 이 '좁은 여백'을 채워넣었다!

기경 중국의 《주비산경》에 '구삼고사현오(勾三股四弦五)'라는 기록이 있다. 만약 거듭제곱의 차수를 높여서 방정식 $x^3+y^3=z^3$에서 $x^n+y^n=z^n$에 이르기까지 정수해를 구할 수 있을까? 이 문제를 처음 제기하고 '해답'을 구한 사람은 프랑스의 아마추어 수학자 페르마다.

1637년경 페르마는 고대 그리스의 수학자 디오판토스가 쓴 《산술》 제2권 제8번 명제에서 $x^2+y^2=z^2$에 관한 토론을 읽고 다음과 같이 썼다.

하나의 세제곱수를 두 개의 세제곱수로 나누거나, 네제곱수를 두 개의 네제곱수로 나누거나 또는 일반적으로 3차 이상의 거듭제곱수를 두 개의 동일 차수로 분해하는 것은 불가능하다. 이에 관해 나는 경이로운 증명 방법을 발견했다고 확신한다. 다만 이곳은 여백이 좁아 증명은 생략한다.

1665년 페르마가 세상을 떠나자 그의 아들이 5년에 걸쳐 아버지의 편지와 원고를 수집하여 1670년 《디오판토스》라는 유고집을 출판했다. 페르마가 세상을 떠난 후에 모든 사람이 그의 유고를 샅샅이 찾았지만 이 증명 방법은 결국 발견하지 못했다.

페르마가 남긴 나머지 문제는 19세기 초까지 모두 해결되었지만 오직 이 문제만 미해결로 남았다. 그래서 '페르마의 마지막 정리' 또는 '페르마 대정리'라는 이름을 갖게 되었다.

2보다 큰 임의의 자연수 n에 대해
$x^n+y^n=z^n$을 만족하는 정수해 x, y, z는 존재하지 않는다.

1637년 페르마 자신은 '무한 강하법(Infinite Descent, 공집합이 아닌 모든 자연수의 부분집합에는 항상 최솟값이 존재한다는 성질을 이용하는 증명으로, 귀류법의 일종이다-감수자주)'을 이용해 $n=4$일 때를 증명했다. 1678년과 1738년 라이프니츠와 오일러가 독자적으로 $n=4$일 때를 증명했다. 1770년 오일러는 $n=3$일 때를 증명했다. 1823년과 1825년에 르장드르와 디리클레가 차례로 $n=5$일 때를 증명했다. 1832년 디리클레는 $n=7$인 경우를 증명하려다 오히려 $n=14$일 때를 증명했다. 1839년 프랑스의 라메가 $n=7$을 증명했다. 이어 수많은 수학자의 도전이 이어졌다.

페르마 대정리의 증명을 앞당기기 위해 브뤼셀과 파리 과학원은 몇 차례 상금을 내걸었다. 가우스는 페르마 대정리의 증명에 도전해 상금을 타라는 한 친구의 권유 편지에 이렇게 답신을 보냈다.

파리 과학원이 상금을 내걸었다는 소식을 알려줘서 정말 고맙네. 하지만 난 페르마 정리처럼 개별적인 명제에는 별 관심이 없어. 왜냐하면 나도 페르마 정리와 같은 명제를 아주 손쉽게 얼마든지 만들 수 있으니까. 그러면 다른 수학자는 내가 만든 명제를 증명도 부정도 할 수 없게 되겠지.

• 볼프스켈은 페르마의 대정리 때문에 삶을 포기하려는 생각을 접었다. 그가 내건 '볼프스켈 상금'은 '페르마의 대정리'를 전 세계에 널리 알리는 계기가 되었다.

1840~1850년간 페르마 대정리의 증명에 큰 진전이 이루어졌다. 가우스의 제자인 독일의 수학자 쿰머(Ernst Kummer, 1810~1893)가 이상 수리론을 창시하여 "37, 59, 67을 제외한 100보다 작은 모든 소수는 페르마의 정리를 만족한다"는 사실을 증명했다.

페르마의 대정리가 전 세계적으로 유명세를 탄 이유는 어마어마한 상금 때문이었을지도 모른다. 독일의 성공한 사업가인 볼프스켈(Paul Wolfskehl)은 예술과 과학에 자금을 지원하기로 유명했다. 그는 대학에서 수학을 공부하기도 했지만 그후 대부분의 시간은 사업에 투자

했다. 하지만 그는 여전히 수학자와 긴밀하게 교류했고 정수론을 계속 섭렵했다. 특히 페르마 대정리에 강한 애착을 갖고 있었다.

안타깝게도 볼프스켈은 아름다운 한 여성에게 구애를 했다가 거절당하자 자살로 삶을 마무리하려고 했다. 그는 자살할 날짜를 정하고 자정 종소리가 울리면 머리에 권총을 쏘기로 결심했다. 그는 남은 시간 동안 중요한 비즈니스 업무를 마무리 지었다. 그리고 마지막 날에는 모든 친구와 친척에게 작별 편지를 쓰면서 자정 종소리가 울리기만을 기다렸다.

삶의 마지막 몇 시간을 보내기 위해 볼프스켈은 서재로 들어갔다. 그는 정수론 잡지 한 권을 펼치고 최후의 순간이 오기를 기다렸다. 그는 라메와 코시가 페르마 대정리에 대해 잘못 증명한 글을 읽고 자신도 모르게 빠져들었다. 그 글은 1847년의 한 사건을 기록하고 있었다. 프랑스 과학원의 한 회의에서 리우빌(Claud-Joseph Liouville)이 쿰머에게 받은 편지를 낭독했는데 여기에는 라메와 코시의 증명에 오류가 있다는 내용이 적혀 있었다.

하지만 이날 밤 볼프스켈은 쿰머의 글에서 증명되지 않은 하나의 가설이 사용되고 있음을 발견하고 쿰머와 라메, 코시 이 세 사람 가운데 과연 누가 맞고 누가 틀린지 결론을 내리지 못했다. 그는 한 줄 한 줄 읽어 내려가다가 우연히 쿰머의 증명 한 군데에서 불충분한 부분을 발견했다. 볼프스켈은 이 가설의 분석에 빠져들었다. 원래는 라메와 코시가 이길 수 있도록 머리를 쓸 생각이었으나 오히려 쿰머의 오류를 해결하고 말았다.

그는 그 결과에 뛸 듯이 기뻐했다. 자정은 훨씬 지나갔고 어느덧 새벽이 밝아왔다. 자살하겠다는 마음도 이미 사라지고 없었다. 그는 창문을 열고 페르마의 대정리를 위해 뭔가 해야겠다고 결심했다. 볼프스켈은 페르마 대정리를 최초로 증명한 사람에게 상금 10만 마르크를 지급하겠다고 유서를 다시 작성했다. 그리고 증명의 어려움을 감안하여 기한은 100년으로 정했다.

1908년 이 상금을 관장하는 괴팅겐 왕립과학원이 볼프스켈 상의 규칙을 발표했고 거의 모든 수학 잡지가 이 소식을 전했다. 전문 수학자는 냉정을 유지한 반면 수많은 수학 애호가가 여기에 도전장을 내밀었다. 그들은 상금을 차지하기 위해 초등 변환을 이용한 짧은 몇 페이지의 '증명'을 수학자에게 보내왔다. 당연히 이들 '증명'은 예외 없이 오류를 안고 있었다!

1909~1934년 괴팅겐 대학 수학과의 학과장 란다우(Edmund Landau, 1877~1938)는 볼프스켈 상 경쟁에 참여한 논문을 심사하는 직책을 맡았다. 하지만 우체국에서 거의 매일 배달되는 증명은 그의 연구를 방해했고 게다가 모두 잘못된 증명이었다. 이런 번잡한 일에서 벗어나기 위해 그는 엽서를 제작해서 조교에게 기입하도록 했다.

　　친애하는 ＿＿＿선생님(또는 여사님)께

　　송부하신 페르마 대정리의 증명 원고는 감사히 받았습니다. 그러나 첫 번째 오류가 ＿＿쪽 ＿＿항에서 발견되었습니다. 따라서 이 증명은 무효입니다.

　　　　　　　　　　　　　　　　　　　　E. 란다우 교수

수학자들은 페르마 대정리를 해결하는 과정에서 기존의 모든 수학 지식을 동원했고 또 많은 새로운 이론과 방법을 창안했다. 이러한 노력은 결과적으로 수학 발전에 크게 이바지했다. 1900년 힐베르트는 미해결된 23문제를 제시하면서 페르마 대정리는 포함시키지 않았다. 하지만 페르마의 대정리는 이를 해결하는 과정에 끊임없이 새로운 이론과 방법을 탄생시켰고 수학계에 고무적인 영향을 주었다고 평가받고 있다.

힐베르트는 자신도 증명할 수 있다고 주장했지만 일단 문제를 증명하고 나면 더 이상 유익한 '부산물'이 나타나지 않을 수 있다고 생각했다. 그는 "우리에게 자주 황금 달걀을 낳아주는 어미닭을 죽여서는 안 된다"라고 말했다고 전해진다. 1909~1912년 힐베르트는 볼프스켈 상금의 이자를 이용하여 수학계의 거장 푸앵카레와 체르멜로(Ernst Zermelo, 1871~1953), 물리학자인 로렌츠(Hendrik A. Lorentz)와 좀머펠트(Arnold Sommerfeld) 등을 괴팅겐 대학 교수로 초빙했다.

수학자는 이처럼 천천히, 하지만 끈기 있게 전진해 나갔다. 1955년까지 $n \leq 4,002$인 경우가 증명되었다. 컴퓨터의 등장은 증명의 속도를 높였다. 1976년 독일 수학자 바그슈타프(Wagstaff Samuel)가 $n \leq 125,000$에 대해 증명했고, 1985년 미국 수학자인 로서(John Rosser)는 $n \leq 41,000,000$에 대해 증명했다. 하지만 수학은 엄밀함을 추구하는 과학이다. n의 값이 아무리 크더라도 유한할 수밖에 없고 유한에서 무한으로 확대하는 길은 여전히 멀었다.

1983년 당시 29세였던 독일 수학자 팔팅스(Gerd Faltings)는 대수 기하학의 '모델(Mordell)의 예상'을 증명하여 1986년 제20회 국제 수학자 대회에서 필즈상(Fields Medal)을 수상했다. 필즈상은 수학계의 노벨상으로 불리며 40세 이하의 젊은 수학자에게만 수여한다. '모델의 예상' 증명을 통해 "$n \geq 4$인 경우 $x^n + y^n = z^n$에서 x, y, z가 서로소인 정수해가 존재한다면 그런 해는 유한 개밖에 없다"는 사실이 증명되었다. 이는 페르마 대정리의 증명을 위한 크나큰 진전이었다. 비록 '유한 개의 근'에서 '근이 없음'의 증명까지는 아직 큰 격차가 있었지만 해의 개수가 '무한 개'에서 '유한 개'로 크게 발전했다고 평가할 만하다.

: 시무라 고로(왼쪽)는 도쿄 대학의 젊은 수학자였다. 《수학 연간》에 연재된 논문을 읽고 타니야마 유타카(오른쪽)와 친구가 되었다. 두 젊은 수학자는 제2차 세계대전 이후 힘겨운 환경 속에서도 수학연구에 매진하여 유명한 '타니야마-시무라 추론'을 창시했다. 1958년 11월 17일 타니야마 유타카가 자택에서 자살했다. 그는 유서에서 "어제까지도 나는 명확한 자살 의도가 없었다. 하지만 몇몇 사람은 최근 내가 신체적 또는 정신적으로 많이 지쳐 있다는 사실을 알아챘으리라 생각한다."라고 썼다. 이 날은 그의 31번째 생일을 불과 5일 남겨둔 날이었다. 더욱 안타깝게도 그의 여자친구 역시 두 사람이 신혼집으로 준비했던 아파트에서 스스로 목숨을 끊었다. 그녀는 유서를 남겼지만 공개되지는 않았다. 미공개 유서에는 다음 내용이 담겨 있었다고 한다. "우리는 어디를 가든 영원히 함께하기로 약속했었죠. 그가 떠났으니 이젠 저도 그를 따라가야 해요."

1955년 일본의 수학자 타니야마 유타카(谷山豊, 1927~1958)는 대수 기하학 범주에 속하는 '타니야마 추론'을 제시했다. 하지만 당시 수학계는 이 추론에 호의적이지 않았다. 오직 한 사람 시무라 고로(志村五郎, 1930~)만이 그를 지지했다. 안타깝게도 1958년 타니야마는 돌연 자살을 선택했고 시무라는 홀로 연구를 계속했다. 이 문제는 점차 조명을 받았고 후에 '타니야마-시무라 추론(Taniyama-Shimura Conjecture)'으로 불리게 되었다. 프랑스 수학자 베엘(André Weil, 1906~1998)은 '타니야마-시무라 추론'을 한 단계 더 엄밀하게 연구하여 서양 수학계가 이를 받아들이는 데 기여했다.

타니야마-시무라 추론의 핵심 내용은 "유리수 체계에서 타원 곡선은 모듈 형태(modular form)화할 수 있다"이다. 만약 타원 곡선이 하나의 '타원의 세계'를 규정한다면 '모듈 형태'는 하나의 '모듈 세계'를 규정하며 이 둘은 두 개의 거대한 섬과 같다. 타니야마-시무라 추

: 1979년 로버트 랭글랜드는 이렇게 말했다. "내 계획은…… '고차원 시무라 다양체'를 전개하려면 나와 동료는 완전 무장을 해야 한다. 우리는 지금 밀림 한가운데에 있는 것과 같아서 겨우 칼 몇 자루로는 길을 뚫을 수 없다. 반드시 관목 절단기를 운전하며 양날 도끼를 휘둘러야 한다. 또한 우리의 근육은 마치 나무처럼 단단해야 한다!"

론은 이처럼 완전히 서로 다른 두 세계 사이에 다리를 연결했다는 데 중요한 의의가 있다! 수학자는 '다리 놓기'를 좋아한다. 또는 완전히 별개인 수학 분야 사이에 부족하더라도 연결고리를 찾고 싶어한다.

프린스턴 고등연구원의 랭글랜드(Robert Langlands)는 타니야마-시무라 추론을 거대한 네트워크로 확대할 수 있음을 알았다. 즉 한 영역에서 다른 영역으로 전환하여 하나의 추론을 해결하면 또 다른 추론을 해결할 희망이 생기는 것이다. 그의 '네트워크화 아이디어'는 페르마의 대정리까지 확대되었다!

1984년 가을 독일 슈바르츠발트 주 수학 토론회에서 프레이(Gerhard Frey)는 다음과 같은 보고서를 발표했다.

만약 페르마 대정리가 거짓이라면 아마도 다음 형식으로 바뀌어야 한다.
$$y^2 = x^2 + (A^N - B^N)x^2 - A^N B^N$$

이 식은 타원 방정식이다. 프레이의 타원 방정식은 이처럼 기괴하여 절대로 모듈 형식화할 수 없었다. 하지만 타니야마-시무라 추론은 "모든 타원 방정식은 반드시 모듈 형식화가 가능하다"라고 단언하고 있으므로 타니야마-시무라 추론은 거짓일 수밖에 없다!

반대로 프레이는 다음과 같이 추론했다.

(1) 만약 타니야마-시무라 추론이 참이라고 증명될 수 있다면 모든 타원 방정식은 반드시 모듈 형식화가 가능해야 한다.
(2) 만약 모든 타원 방정식의 모듈 형식화가 가능하다면 프레이의 타원 방정식은 결코 존재할 수 없다.
(3) 만약 프레이의 타원 방정식이 존재하지 않는다면 페르마 대정리에는 해가 존재할 수 없다.
(4) 따라서 페르마의 대정리는 참이다!

이처럼 수백 년간 가장 견고했던 문제가 갑자기 너무나 간단하게 바뀐 듯 보였다. 프레이의 추론에 따라 타니야마-시무라 추론의 증명이 페르마 대정리의 마지막 '도미노 카드'가 되었다!

하지만 이 마지막 '도미노 카드'를 넘어뜨리기 위해 한 수학자는 8년이란 시간을 보내야 했다. 그 주인공은 바로 영국의 수학자이자 미국 프린스턴 대학 교수인 앤드루 와일즈(Andrew Wiles)다.

와일즈는 1953년 영국 케임브리지에서 태어났다. 1963년 어느 날 열 살 소년 와일즈는 책을 읽다가 페르마 대정리와 우연히 만나게 된다. 그는 마음속으로 생각했다.

너무나 간단해 보이는 이 문제를 그동안 어느 누구도 풀지 못했다니. 여기 열 살짜리 꼬마인 나도 이해할 수 있는 문제가 놓여 있다. 이 시간 이후로 나는 영원히 이 문제를 포기할 수 없다는 사실을 안다. 나는 반드시 이 문제를 해결하겠다.

: 와일즈는 열 살 때 벨(E. T. Bell)이 쓴 《최후의 문제》를 읽고 '페르마의 대정리'를 처음 만났다.

마음속에 심어둔 이 결심의 '씨앗'은 그로부터 23년이 지나서야 싹이 트기 시작했다.

1986년 당시 와일즈는 이미 미국 프린스턴 대학의 겸임 교수였다. 어느 여름날 저녁에 와일즈는 친구의 집에서 차를 마시며 담소를 나누고 있었다. 그때 친구가 불쑥 당시 미국의 수학자인 리베트(Kenneth Ribet)가 이미 타니야마-시무라 추론과 페르마 대정리 사이의 연관성을 증명했다고 말했다. 와일즈는 그 말을 듣고 마음속에 심어두었던 그 결심의 '씨앗'이 싹트면서 강렬한 에너지가 발생하는 것을 느꼈다. 그리고 케임브리지 대학 박사과정 이후 줄곧 타원 함수를 연구했지만 이제부터는 정상을 향해 달려가기로 결심했다. 그날 이후 와일즈는 페르마 대정리와 직접적인 관계가 없는 연구는 모두 중단했고, 시간만

나면 자신의 서재에서 비밀을 유지한 채 홀로 연구에 몰두했다.

하지만 정상을 향해 걸어가는 한 걸음 한 걸음은 매우 힘겨웠다. 훗날 와일즈는 이 과정을 다음과 같이 술회했다.

: 1993년 5월 와일즈는 30년간 간직해온 꿈이었던 '페르마 대정리'의 증명을 완성했다.

당신이 큰 건물의 첫 번째 방에 들어섰다고 상상해보라. 안은 칠흑같이 어둡다. 당신은 가구에 이리저리 부딪히면서 서서히 가구가 어떻게 배치되어 있는지 이해하게 된다. 당신은 6개월 또는 그 이상의 시간을 들여 전등의 스위치를 발견하고 전등을 켰다. 갑자기 방 전체가 환하게 밝아지고 자신의 위치를 파악하게 된다. 그러고는 두 번째 방으로 들어간다. 역시 암흑 속에서 6개월을 헤맨다. 이처럼 하나하나의 성과는 때로는 한순간에, 때로는 하루 이틀 만에, 또 때로는 몇 개월 동안 이리저리 부딪히면서 얻은 결과물이다. 이 모든 과정이 선행되지 않는다면 결코 성과를 얻을 수 없다.

7년 동안 연구에 몰두한 끝에 1993년 5월 와일즈는 드디어 암흑 같은 건물에서 빠져나왔고 30년간 간직해온 꿈이었던 '페르마 대정리'의 증명을 완성했다. 그는 원래 최초의 증명을 철저하고 자세하게 검증할 생각이었다. 그런데 공교롭게도 그해 6월에 한 수론 관련 심포지엄이 케임브리지 대학 뉴턴 수리과학연구소에서 개최될 예정이었다. 이 회의에는 전 세계의 저명한 수론 전문가가 많이 참석했다. 케임브리지는 와일즈의 고향이자 그가 수학의 세계로 뛰어든 곳이다. 케임브리지만큼 이 증명을 발표하기에 적합한 곳은 없어 보였다. 그래서 와일즈는 '300년의 악몽'에서 깨어날 장소로서 이 회의장을 선택했다.

1993년 6월 케임브리지 대학 뉴턴 수리과학연구소에서 대수 기하학 학술 강연이 열렸다. 와일즈의 강연 제목은 '타원 곡선과 모듈화, 갈루아 표현'이었다. 그는 세 차례로 나눠 강연을 했는데 마지막 강연 제목에는 그가 이미 페르마 대정리를 증명했다는 사실이 드러나지 않았고 심지어 페르마 대정리와 어떤 직접적인 관련이 있는지도 알 수 없었다. 그럼에도 청중은 첫 번째 강연에서부터 뭔가를 눈치챘다.

6월 23일, 세 번째 강연이 시작되기도 전에 강연장은 이미 청중으로 가득 찼다. 이 역사적인 순간을 직접 목격하기 위해 수많은 사람이 카메라를 들고 왔다. 심지어 뉴턴 수리과학연구소 소장은 샴페인 한 병을 준비하기도 했다. 와일즈가 결론을 얘기하는 순간 회의장에는 장엄한 적막이 감돌았다. 와일즈는 마지막으로 몸을 돌려 칠판에 페르마 대정리를 적고는 청중을 향해 "이제 여기에서 마치겠습니다"라고 말했다. 그 순간 박수와 환호성이 터져나와 오랫동안 회의장 안에 울려퍼졌다. 인류가 300여 년 동안 축적해온 에너지가 이 한순간에 모두 분출되어 나왔다!

와일즈의 증명 소식은 삽시간에 전 세계로 퍼졌다. 언론사 기자는 뉴턴 연구소로 몰려와 '금세기 최고 수학자'를 인터뷰했다. 영국 《가디언》지는 "수론의 인기는 수학의 마지막 수수께끼로 인해 높아질 것"이라고 보도했고 《뉴욕타임스》는 "'나는 발견했다!' 오랜 수학의 수수께끼 드디어 풀리다"를 1면 헤드라인으로 뽑았다. 로이터 통신은 "와일즈의 성과는 물리학의 핵분열과 생명과학의 DNA 구조 발견에 비견될 만하다"라고 평했다. 《피플》지는 그해 최고 주목받은 인물 25인에 다이애나 왕세자비와 함께 와일즈의 이름을 올렸다.

• "이제 여기에서 마치겠습니다." 7년간의 고독한 연구를 마치고 페르마 대정리의 증명에 성공했음을 선언한 뒤 와일즈는 마치 큰 짐을 내려놓은 듯 환하게 미소 지었고 청중은 우레와 같은 박수를 보냈다. 하지만 그의 여정은 아직 끝나지 않았다. 하나의 블랙홀이 그의 앞에 기다리고 있었다.

많은 대학에서 가두행진을 벌이며 환호했고 시카고에서는 경찰이 출동하여 거리의 질서를 유지할 정도였다. 한 글로벌 의류 회사는 자사의 남성복 신제품에 이 점잖은 수학 천재의 서명을 넣기도 했다. 샌프란시스코에서는 일군의 수학자가 1,200석 규모의 영화관을 빌려 표 한 장에 5달러를 받고 관객에게 페르마 대정리의 증명을 설명했는데, 매표원은 표 한 장당 최고 25달러까지 올려받아 큰 이익을 남겼다고 한다. 수학이 오늘날처럼 일반인과 가까웠던 적은 일찍이 없었다. 이 모든 것이 페르마 대정리 덕분이었다!

하지만 괴팅겐 대학은 늘 그랬듯이 냉정을 유지했다.

볼프스켈 위원회의 규정에 따르면 증명 결과는 반드시 수학자의 검증을 거쳐 정식 발표되어야 한다. 와일즈는 200페이지 가까운 원고를 수학 분야의 최고 학술지 《인벤시오네 마테마티카(Inventiones Mathematicae)》에 송부했다. 잡지 편집위원회는 원고 심사위원 6명을 선정하여 엄격한 심사에 들어갔다. 8개월이 지나 원고 심사위원은 불명확한 부분을 팩스나 이메일로 와일즈에게 보냈다. 평소 같았으

: 케임브리지 대학의 뉴턴 수리과학연구소. 1992년 7월 정식 개방되었다. 1993년 6월 23일 와일즈가 이곳에서 '페르마 대정리'를 증명했음을 전 세계에 선언했다. (위) 뉴턴 수리과학연구소 정문, (아래) 연구소 정원의 풀밭. 아치형 건물 아래가 강연장이다.

면 와일즈는 당일 또는 다음 날 해당 문제점에 대한 답신을 보냈을 것이다. 하지만 겉보기에 별것 아닌 듯 보이는 작은 문제점이 그의 발목을 붙잡았다. 그리고 이 문제는 마치 우주의 블랙홀처럼 서서히 그의 증명 전체를 집어삼켰다. 여기에다 공개 증명을 요구하는 국제 사회의 목소리가 점점 커지면서 와일즈는 육체적으로나 정신적으로 최악의 시련에 직면했다.

케임브리지 대학의 강연이 있은 지 1년여가 지났지만 와일즈는 여전히 이 문제점을 해결하지 못했다. 그의 절친한 친구 사낙(Peter Sarnak)은 당시 와일즈가 처한 상황을 다음과 같은 비유로 적절히 표현했다.

여기에 방 하나가 있고 그 안에는 방보다 훨씬 큰 양탄자가 있다. 당신은 이 양탄자를 평평하게 펴고 싶겠지만 한 곳은 반드시 볼록 튀어나올 수밖에 없다. 아무리 노력해도 양탄자는 결코 평평하게 펴지지 않을 것이다.

사낙은 와일즈에게 그가 신뢰할 수 있는 사람을 찾아 이 '블랙홀'을 함께 막아보라고 제안했다. 와일즈는 케임브리지 대학의 테일러

(Richard Taylor) 교수를 초청했다. 그는 논문 심사위원 6명 가운데 한 사람이자 와일즈의 예전 학생이기도 했다. 또한 뉴턴 수리과학연구소에서 와일즈의 증명을 직접 듣기도 했다.

테일러의 도움을 받았지만 와일즈는 여전히 증명의 문제점을 해결하지 못했다. 이제 그는 실패를 인정하고 오류가 담긴 증명을 세상에 알릴 준비를 했다. 그렇게 하면 관심 있는 누군가가 나서서 연구하고 언젠가 페르마 대정리를 정말로 증명할 수도 있을 것이다. 하지만 이는 와일즈에게 그야말로 잔혹한 희망이 아닐 수 없었다. 와일즈는 이를 받아들일 수 없었다. 그는 문제점이 어디에 있는지, 왜 자신의 방법이 통하지 않는지 알고 싶었다. 테일러는 그에게 9월 말까지 노력해보고 그래도 해결하지 못하면 실패를 인정할 준비를 하라고 조언했다.

1994년 9월 19일, 마지막으로 실패의 원인을 검토하던 중에 와일즈는 갑자기 좋은 아이디어가 떠올랐다. 오류가 드러난 지금의 방법과 3년 전에 실패했던 또 다른 방법을 결합하여 새로운 증명법을 만들어낸다면 증명의 블랙홀을 막을 수도 있겠다는 생각이었다. 너무나 절묘한 아이디어였다. 와일즈는 당시 상황을 회상하며 감격에 겨워 자기도 모르게 눈물을 흘렸다.

이 방법은 말로 표현할 수 없을 만큼 완벽했다! 너무나 간단하고 우아해서 왜 이 방법을 생각하지 못했을까 의아할 정도였다. 나는 거의 20분 동안이나 멍하게 있었다. 믿어지지 않았다. …(중략) 너무나 흥분해서 감정을 주체할 수가 없었다. 이는 내 생애에서 가장 중요한 순간이었다. 두 번 다시 이보다 더 의미 있는 일은 없으리라!

● 2005년 8월 30일 와일즈는 베이징 대학을 방문하여 강연을 했다. 한 학생이 그에게 왜 7~8년이란 시간이 소요된 이 문제를 선택했느냐고 질문했다. 그러자 와일즈는 "내가 이 문제를 선택한 것이 아니라, 이 문제가 나를 선택했다"라고 대답했다.

● 브로드웨이에서 상연된 뮤지컬 〈페르마의 마지막 탱고〉. 포스터 상단에 "인생은 때론 수를 세는 것과 같아서 큰 수가 끊임없이 나타난다"라고 쓰여 있다. 그렇다. 페르마의 대정리가 증명된 이후 수학자가 풀어야 할 다음 '난제'는 과연 무엇일까?

1994년 10월 25일 11시 4분 11초, 와일즈의 제자이자 미국 오하이오 주 주립대학 수학 교수인 루빈(Karl Rubin)이 그에게 이메일을 보내왔다.

오늘 새벽까지 논문 두 편의 원고를 이미 송부했습니다. 하나는 '모듈 타원 곡선과 페르마의 대정리'(저자: 앤드루 와일즈)이고 다른 하나는 '일부 헤케 대수학의 환(環)이론 성질'(저자: 리처드 테일러, 앤드루 와일즈)입니다.

첫째 논문은 다른 결론과 함께 페르마 대정리의 증명을 담고 있으며 이것의 핵심적 아이디어는 두 번째 논문에 담겨 있습니다.

두 논문은 총 130페이지에 달하며 엄격한 심사를 거쳐 1995년 5월 《수학 연간》에 발표되었다.

와일즈가 8년에 걸친 온갖 시련을 이겨내고 이룩한 성과 덕분에 인류는 350여 년의 갈증을 풀 수 있었다! 페르마 대정리의 증명은 인류의 지혜가 만들어낸 개선가였고 와일즈의 증명은 20세기 최첨단 수학의 총집합이었다. 와일즈는 완전히 새로운 수학 기술을 창조해냈고 수학 문제 해결의 새로운 지평을 열었다.

더욱 중요한 사실은 와일즈의 성과가 더욱 원대한 수학 과제인 '랭글랜드 프로그램(Langlands Program)'을 한 단계 발전시켰다는 점이다. 이로써 수학의 여러 분야 간에 통일된 추론을 정립할 수 있는 가능성이 높아졌다. 1996년 3월 와일즈와 랭글랜드는 공동으로 울프(Wolf)상 상금 10만 달러를 받았고 이어 1997년 6월 와일즈는 볼프스켈 상금을 받았다. 와일즈는 1998년 베를린에서 열린 제23회 국제 수학자 회의 개막식에서 필즈 특별 공헌상을 수상했으며 2005년에는 '동양의 노벨상'으로 불리는 샤오이푸(邵逸夫) 수학 과학상을 수상했다.

20세기 수학은 페르마 대정리의 증명으로 위대한 영광을 얻었다.

에필로그

1980년대 필자가 처음 대학 강단에서 수학사를 강의하던 때가 아직도 기억에 선하다. 당시에는 분필 한 자루와 책 한 권이 전부였다. 책에 인명과 연대, 국가 등에 밑줄을 긋고 칠판에 공식과 정리, 유도 과정을 적었다. '수학사' 수업이 아니라 차라리 '수학' 수업이라는 말이 어울렸다.

"이집트의 파피루스는 어떤 책입니까?"

"유명한 대수학자의 모습은 지금 어디에서 볼 수 있나요?"

무미건조한 역사 수업 시간에 학생들이 던지는 이런 질문에 답변하기란 참으로 곤란했다.

'역사' 연구는 원래 먼지가 쌓인 '과거의 사건'을 들춰내는 과정이다. 하지만 '사건'에만 초점을 맞춘다면 제대로 된 내용을 알 수 없다. 그렇게 되면 아무리 좋은 '이야기'(영어 history의 어원은 라틴어

historia로 '과거의 일을 이야기하다'이다)라 하더라도 듣는 이의 공감을 이끌어낼 수 없다. 필자는 그때부터 수학사와 관련한 여러 사진 자료 수집에 공을 들이기 시작했다. 그래서 지금은 풍부하고 진귀한 사진을 이용하여 역사의 한 장면을 재현하고 역사적 사건을 해석하는 일이 필자가 맡은 과학사 및 수학사 강의실의 독특한 풍경이 되었다.

필자는 국제 학술회의에 참석할 때마다 현지 박물관과 미술관을 방문한다. 수학과 관련한 문물이나 그림을 발견하면 흥분하여 어쩔 줄 모른다. 당연히 모든 박물관이 대영 박물관이나 루브르 박물관처럼 '관대하게' 사진 촬영을 허용하지는 않는다. 일부 박물관이나 미술관은 'No Flash'라고 쓰여 있어 사진을 촬영할 수 없다. 이런 경우 머리를 써서 경비원과 '숨바꼭질'을 해야 한다.

2008년 8월, 필자는 상하이자이퉁(交通)대학교 과학사학과 교수 몇 명과 함께 미국 볼티모어 제13회 동아시아 국제 과학사 회의에 참석했다. 그 기간 동안 주최 측은 월터스 예술박물관 관람 일정을 잡았는데 유명한 '아르키메데스 사본'을 재현하고 연구한 곳이 바로 이곳이었기 때문이다(이 책 제2장 참조). 필자는 3층 화랑에서 한 여성이 아라비아 숫자를 이용하여 계산에 열중하는 그림 한 점을 발견했다. 나는 카메라를 들어 앵글을 조정했다. 하지만 셔터를 누르기도 전에 감시원의 '경비봉'이 렌즈를 가로막았다. 나의 '간청'에도 불구하고 돌아온 대답은 'Sorry'였다.

한 바퀴를 돌아 제자리로 왔더니 그는 여전히 나를 '감시'하고 있었다. 그런데 마침 그때 다른 전시실에서 관객 몇 명이 사진을 찍으려 하자 경비원이 그쪽으로 달려갔다. 나는 이때를 놓치지 않고 카메라를 들고 셔터를 눌러 로랑 드 라 이르(Laurent de La Hyre)의 작품 〈산술의 알레고리〉(Allegory of Arithmetic, 1650)를 '몰래' 담아왔다(이 책 117페이지 그림 참조).

역사는 과거에 속하며 되풀이되지 않는다. 하지만 역사를 다루는 책과 강의실의 역사 수업은 여러 수단을 동원하여 '역사의 한 장면을 재현'함으로써 학생들에게 생동감을 주고 역사를 떠올리게 해주어야 한다.

중국의 역사가 정초(鄭樵, 1104~1162)는 《통지》(通志)에서 "그림은 오른쪽에 두고 글은 왼쪽에 둔다. 그림을 보며 모습을 살피고 글을 보며 이치를 깨닫는다"고 밝혔다. 이 말은 "글로써 이치를 설명하고 그림으로 이치를 형상화한다"는 말처럼 문자 서술과 그림의 관계를 적절히 표현했다. 따라서 역사와 관련한 그림이나 사진은 과학사 수업에 없어서는 안 될 중요한 자료다. 300여 장이 넘는 사진과 도표를 담고 있는 이 책을 출판한 의의가 바로 여기에 있다.

이 책에 사용된 사진이 독자에게 도움을 주고 독자와 함께 수학의 역사를 되돌아보는 즐거움을 공유할 수 있었던 것은 모두 상하이자 이퉁대학교 과학사학과 학과장 장샤오위안(江曉原) 교수의 철저한 기획 덕이다. 물론 본서의 오류나 부적절한 내용은 모두 저자의 책임이다. 현명한 독자 여러분의 많은 지도와 편달을 바란다.

지즈강

수학을 잘하기 위해 먼저 읽어야 할

수학의 역사

초판 1쇄 발행 2011년 11월 21일
초판 20쇄 발행 2025년 9월 26일

지은이 지즈강
옮긴이 권수철
감수자 계영희

발행인 김기중
주간 신선영
편집 백수연, 민성원
경영지원 홍운선
펴낸곳 도서출판 더숲
주소 서울특별시 영등포구 당산로41길 11, E동 1410호 (07217)
전화 02-3141-8301
팩스 02-3141-8303
이메일 info@theforestbook.co.kr
페이스북 @forestbookwithu
인스타그램 @theforest_book
출판등록 2009년 3월 30일 제2025-000114호.

ISBN 978-89-94418-32-2 03410

※ 이 책은 도서출판 더숲이 저작권자와의 계약에 따라 발행한 것이므로
   본사의 서면 허락 없이는 어떠한 형태나 수단으로도 이 책의 내용을 이용하지 못합니다.
※ 잘못된 책은 구입하신 곳에서 바꾸어 드립니다.
※ 책값은 뒤표지에 있습니다.
※ 독자 여러분의 원고투고를 기다리고 있습니다. 출판하고 싶은 원고가 있으신 분은
   info@theforestbook.co.kr로 기획 의도와 간단한 개요를 연락처와 함께 보내주시기 바랍니다.